コウはともだち

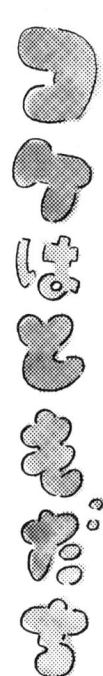

はじめに……

あなたはコケにどんなイメージを持っているだろうか？

ジメジメ、ベッタリ、地味、暗い、「庭にはびこっている気持ち悪いアレ」なんて言う人もいるかもしれない。とにかく多くの人にとってコケは、見ていて陰気な気持ちになることこそあれ、愉快な気持ちにさせてくれるものではないようだ。

このページをめくると、これからまもなくしてコケと偶然の出会いを果たすK子さんが登場する。そうしたら、ぜひあなたも彼女と一緒にコケワールドの入り口に立ってみてほしい。コケは地味なルックスでありながら、実は地球のありとあらゆる場所でしたたかに生きるツワモノ。知れば知るほど奥の深い世界に引き込まれ、思わずその生き方も見習いたくなってしまうにちがいない。

本書はコケとK子さんの友情物語を追いながら、その不思議な魅力を説き明かしていく、ちょっと変わったコケの入門書である。

偶然の出会い

春のうららかな陽気に誘われて、私はベランダに出て洗濯物を干していた。そよ風が顔に当たって気持ちいい。この時季の風はいつも草木たちの萌える香りがする。私は毎年この香りをかぐと、植物を育てたくてどうしようもなくなる。そういえば去年はミニトマトを育てたんだっけ。今年も何か育てたいな。そう考えただけでうずうずしてくる。

しかし、ふとわれに返ると、ベランダの隅にはすでに植木鉢がいくつも転がっているのだった。鉢の中にはミイラのごとくシワシワに枯れきった植物の残骸たち。すでに土にかえってしまったものもいくつか。そう、この鉢の数だけ、過去に私は植物を枯らしてきたのだ。

これらを見てもまだなお、植物を育てようというのか。悪いこと言わないから、おやめなさい、私！　心の中で良識あるもう一人の

自分が止める。しかし、苦い経験は時間と共に忘れていくもので、一年たつとやっぱり緑が恋しくなってしまう。小さな緑でも、そばにいてくれるだけで安らぐ。人は心のどこかでいつも自然を求めているものなのだ。

とりあえず根っこの張った去年の土を捨てようと、何げなく手近にあった鉢を手に取った。そのときだった。

鉢の中に緑がいることに気づいた。ものすごく背が低くて、土にへばりついているように見える。何だろう。鉢にぐっと顔を寄せてよく見てみると、どうやらそれはコケだった。

「何だぁ、コケか」

もしかして去年のミニトマトがまだ生きているのではと一瞬思ったが、まったくの期待はずれ。タンポポやスミレならまだしも、よりによってコケなんて。何ともシケたもんである。そのまま土ごと捨てようとしたが、こんなコケでも一応、生きているんだと思うと捨てるのもしのびない。とりあえず私はこのコケを、そのまま鉢の中に置いておくことにした。

雨上がりのサプライズ

それからしばらくたった初夏のある日、私はバジルの苗を買って家に帰った。

ベランダでポットから鉢に植え替えていると、ふと、またあのコケが目に入った。何だかこないだと様子がずいぶん違う。緑だった小さな葉のような部分は見るも無残に縮れ、干からびている。あぁ、ついにコケまで枯らしたか。でもまぁ、しかたない。もともと世話してたわけじゃないし。しかし、コケでさえ私に目をつけられると枯れてしまうのか……。

「いやいや、私はバジルに専念しよう」

気持ちを切り替えて、鉢に入れたバジルにたっぷり水をかけた。

それから数日後。その日は朝から雨だった。雨は一日中降り続き、翌朝ようやくやんだ。幼いバジルの苗が雨粒に打たれてつぶれ

てやしないか心配だったが、ベランダをのぞくと元気そうだったのでひと安心。それどころか、雨が降る前よりいくぶん葉が大きくなったように見える。ものは言わねど、こうして日々ちゃくちゃくと成長を遂げる。これだから、やっぱり植物ってかわいらしい。

ニヤニヤしながらバジルを眺めていると、視界の隅にキラリと光る緑の物体が映った。

「むむっ！　あれは……」

何と枯れたと思っていた、あのコケだった。どうやって生き返ったのだろう。しかも不思議なことに、以前よりもずっと緑が青々と鮮やかになり、ボリューム感も増している。

鉢を手に取り、よく見てみると、昨夜の雨のせいだろう、コケの先には小さな雨粒が無数につき、キラキラとまるで宝石のように輝いていた。何だかとてもきれいだった。

「コケもなかなかやるじゃん」

とりあえず、「植物枯らし女」の汚名も返上。私はちょっとホッとした。

小さなお客さんたち

新緑の季節は過ぎ、もうまもなく梅雨に入ろうとしていた。バジルはぐんぐんと背丈が伸び、順調に育っている。しかし最近、葉のところどころに小さな穴があいているのを見つけることがある。まさか虫がついた!?

去年はミニトマトを枯らして、夢見ていた自家製トマトソースのパスタがつくれなかったが、今年はぜひとも、自家製バジルペーストでジェノベーゼをつくるのだ!

最近、仕事が忙しいせいで世話もままならないけれど、幸いよく雨が降るから水やりをしなくてすむ。このまま元気に大きく育っておくれ、バジルちゃん!

そういえば、こないだの雨上がりの朝から、私はコケのことを以前より気にして見るようになっていた。とはいえ、基本、コケは雑

草だと思っているので、水も肥料もやらず、見守りに徹している。

コケは春よりも確実に生命力が増し、いたって元気そうだった。葉の色はいっそう濃い緑となり、以前より鉢に占める面積も増えたような気がする。

「こんなに小さくても、やっぱり生きてるんだなぁ」

コケもコケなりに成長している。見ているだけで、何だかほのぼのとした気持ちになる。

また、このところコケには小さなお客さんが訪ねて来ることもあった。それは、小指の爪ほどの小さな植物の芽だったり、マッチ棒サイズのキノコだったり。とくにキノコは夕焼けのような鮮やかなオレンジ色で、緑のコケとのコントラストがとてもきれい。

「コケがまるで、小さな植物やキノコの赤ちゃんのゆりかごみたい」

コケはただ生えているだけじゃなくて、自然も育む。コケから教えてもらうことも意外にあるもんだ。

ふたたびコケが枯れた

秋が来て、冬が始まろうとしていた。

ここで一つ、みなさんに残念なご報告。バジルが何と全滅してしまったのだ。夏のある日、一日家を空けた隙に虫たちに奇襲をかけられ、帰ったときにはすでに見るも哀れなほどすっかり葉が食べつくされていた……。

結局、バジルペーストはつくれないまま、今年のベランダ菜園も幕を閉じた。バジルの鉢はいまや過去の鉢たちと同じように、朽ちた茎のみを空に掲げている。あぁ、無念。

また、夏ごろまでは元気だったコケにも、変化が訪れていた。

秋に入って次第に気温が下がり、からっ風が吹くようになると、コケは日に日に葉が縮れていった。そしてある日、私は全体的に乾燥して、カチカチのミイラのようになったコケを見つけた。

「とうとうコケも枯れたか」

そもそもコケの存在に気づく前までは、コケは常に緑なんだとばかり思っていた。地面にみじめったらしくベタッと張りついて、生きているのか死んでいるのかもわからない。見ても何の面白みもない無表情な植物。それが私のコケに対するイメージだった。

でも思い返せば、季節によって緑の濃さやボリュームが違ったり、乾燥すると葉が縮れたり、かと思うとまた復活したり、コケの中から植物の芽やキノコが顔を出したりと、コケにもいろんな表情があった。どれもが驚くべき発見だった。

バジルのように目をかけて育ててきたわけではないけれど、やっぱりいなくなってしまうと、さみしい。

吐く息も白くなるくらい寒くなり、私は洗濯物を干すとき以外はベランダには出なくなった。さらに暮れで忙しくなると、もうコケのことを思い出すこともなくなっていた。今年の冬はいつになく寒いらしい。枯れた鉢の片付けは……また来年でいっか。

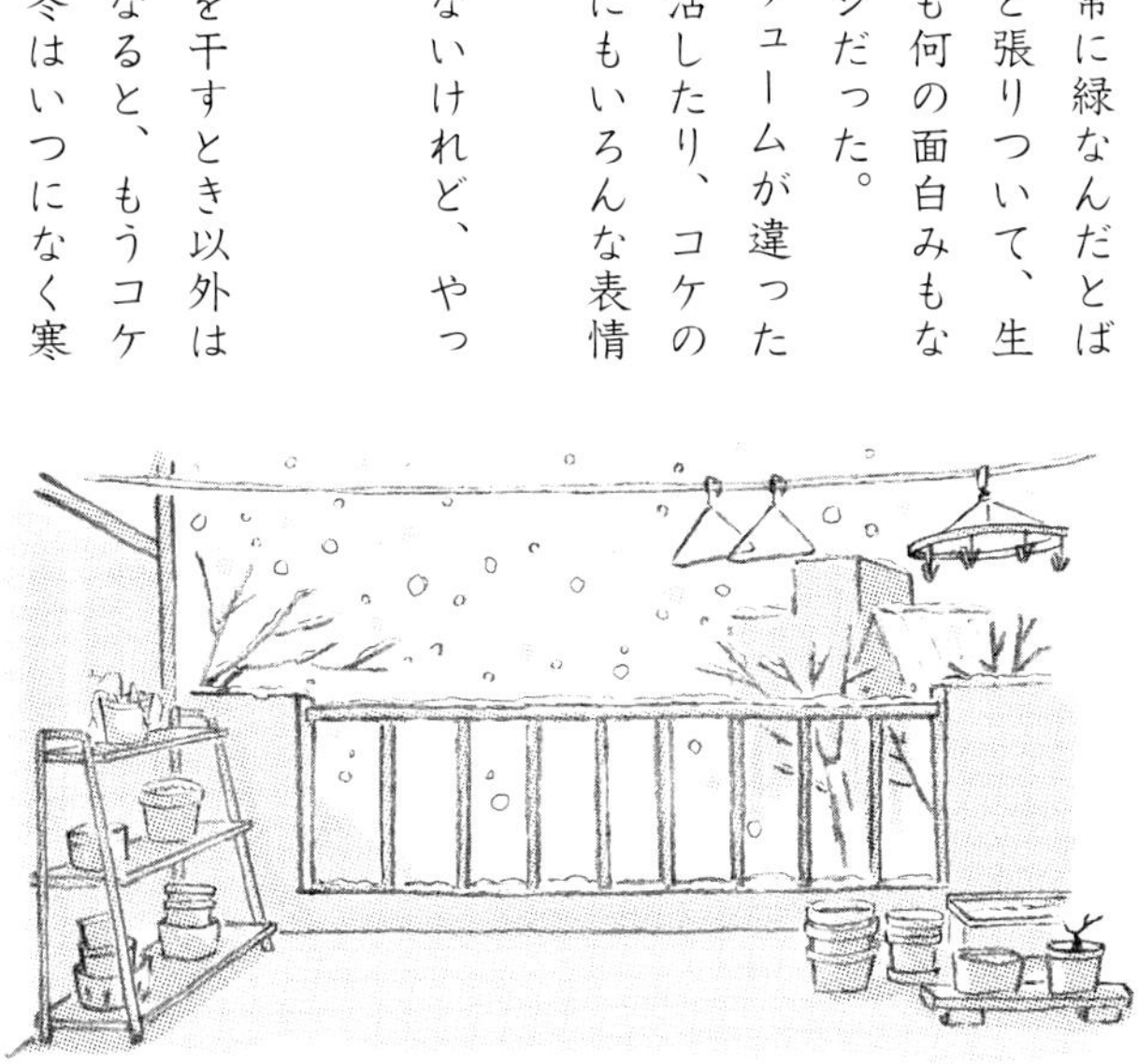

コケの世界へようこそ

季節はめぐり、また春がやってきた。

去年はコケとすら仲良くなれなかったのに、私はまた例年のごとく、「植物が恋しい病」にかかり始めていた。さて、今年は何を植えようか。とりあえず根っこの張った去年の土を捨てないと。

そのときだった。

あの鉢の中で、緑色のものが光っているのに気づいた。

「おぉ、コケだ！」

思いもかけない再会だった。枯れたと思っていたあのコケが、また元気になっているではないか。しかも、モコモコと生い茂る緑の塊の中から、いままで見たことのない変わった物体が何本も出ている。針のような細い柄が伸び、その先には美しい緑色をした、しずくのような形のものがついている。これって何!?　コケの花!?　それとも実!?

さらに隣の鉢に目を移すと、また違う種類らしきコケを発見。いつのまにか仲間が増えているではないか。今度のコケは、葉は萌黄色で、マリモくらいの塊。その表面をそっと指でなでると、まるでひよこを触っているかのようにフワフワしていて、何だか無性に愛くるしい。

「あれ、コケってこんなにかわいいの!?」

色とりどりの花のような華やかさはない。けれど目の前のコケたちは、控えめながら優しい緑色で私の心をほっと和ませ、それでいて凛とした芯の強さも感じさせる。不思議なエネルギーに満ち溢れた生き物、コケ。彼らのことがもっと知りたい。

そう思ったときだった。

「コケの世界へようこそ〜。地味ながら、私たちの世界もなかなか愉快なものですヨ。良かったら、もっと私たちのことを知ってくださいナ」

あれあれあれ？　コケが私に話しかけてきた!?　一瞬、そんな気がしたのである。

もくじ

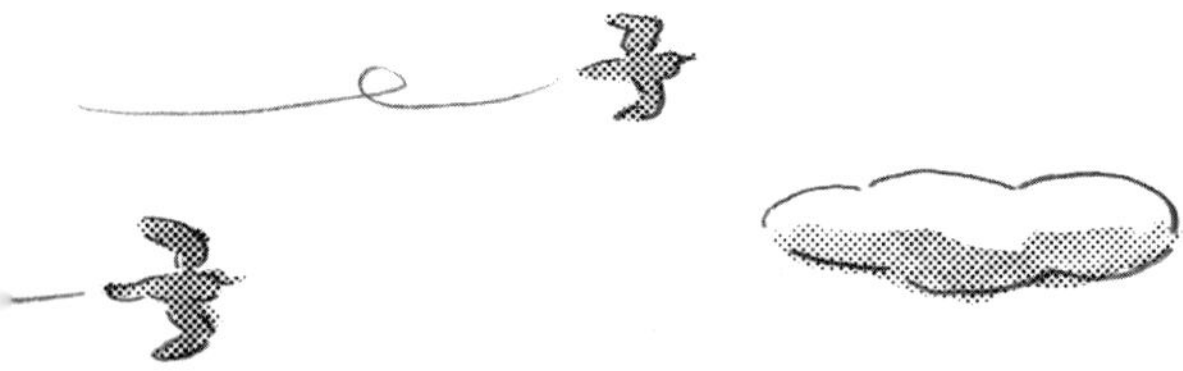

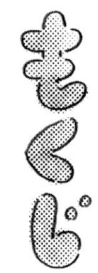

本書を読まれる前に

◉「コケ」と「苔」の使い分けについて

基本的にカタカナの「コケ」に表記を統一した。

ただし、「苔玉」や「苔庭」のような熟語は漢字表記とした。

◉コケの専門用語について

「蒴《さく》」や「雌器托《しきたく》」など本文中に出てくるコケの専門用語の詳しい説明は、巻末の用語解説（P122）にまとめた。

コケ初心者の方は、最初のうちは本文と用語解説を照らし合わせながら読まれることをオススメする。

1

コケのこと、何も知らなかった！

偶然の出会いから、すっかりコケに心を奪われてしまったK子さん。
枯れても復活？　種子もないのに増える？　人間に話しかけてくる!?
「地味」というベールに包まれた、その知られざる素顔がいま明らかに！

コケ、それはダイヤモンドの原石

世の中には「隠れた逸材」と呼ばれるような人がいる。そういう人は普段から控えめで、あえて目立とうとはしない。でも、いざとなったら周囲が驚くほどの実力を発揮する。人を引きつけてやまないエネルギーや魅力を隠し持っている。見た目はただの石ころだけど、実は内面にはダイヤモンドのような、すばらしい資質を秘めた人。コケも、人にたとえるなら、きっとそういうタイプだ。

コケは植物の中でもとりわけ地味な存在ながら、実は私たちが想像しているよりもはるかに美しい。上から何の気なしに見おろしていれば、生きているのか死んでいるのかさえもわからない「ただのコケ」。でも、こちらがしゃがみこんでコケと同じ目線の高さで彼らと向き合いさえすれば、いつでも快く迎えてくれ、その美しさをそっと披露してくれる。小さくとも葉の一本一本は立体的に、色鮮やかに立ち上がり、しずくをまとってキラキラと輝く姿は、まさに地上の宝石のよう。

また、コケにはずっと見ていても飽きない不思議さもある。ある部分はまるで目のように見えたり、ある部分は手のように見えたり。種類によってこんなに形が違うのはどうしてだろう、生えている場所が違うのはどうしてだろうと、見れば見るほどその生態にふつふつと疑問がわいてくる。そして、再び立ち上がって辺りを見回せば、いま見ていたコケとはまた違う姿かたちをしたコケがすぐそばに生えているのを見つける。たった一本の雑草よりも薄い存在感ながら、たった一本の雑草が生える程度の面積に何種類ものコケが息づいていたなんて。何とけなげで、かわいらしいことだろう。美しさだけでなく、コケには人間の探究心をくすぐる奥深い魅力や、愛らしさもある。

そして、コケは機嫌がいいと、先ほどのK子さんのときのように、人間に話しかけてくることも珍しくない。苔庭を眺めていると、不思議と心が安らぐことがあるだろう。実はこのときこそ、コケが私たちに語りかけている瞬間。心が安らぐのは私たちが無意識ながらその言葉に聞き入っているからなのだ。

そんなときは、どうぞコケの周りを見てみてほしい。コケが機嫌よく語りだすということは、その場所にはきっと他にも多くの生き物が息づいているに違いない。それらすべての命を風、水、光など、もっと大きな自然が包み込んでいるという証でもある。コケはきっと、このすばらしい自然のなりたちについて、私たちに語りかけているのだ。

小さくて地味ながら、隠れた逸材。そして自然のすばらしさについて、しばしば私たちに語りかけてくれる。コケは私たちにとって、もっとも身近な自然界のともだちなのだ。

地上で最初の平和主義者

地球が誕生して四六億年。植物はいまから約四億五〇〇〇万年前に初めて海から陸へ上がったといわれている。そのときの植物が陸上植物すべての共通祖先であり、そこからコケ植物、シダ植物、種子植物、さらに種子植物から裸子植物・被子植物へと枝分かれ的に進化していった。どの植物も、より陸地の奥へ奥へと進出、種類も多様化して、いつしか地上はさまざまな植物たちの陣取り合戦となった。

そんな陸地をめぐる植物戦国時代のさなか、その戦いに参戦しなかった植物がいた。そう、コケの祖先である。コケの祖先は「誰かと争うくらいなら、自分が我慢するかぁ」というような、たいそうゆったりした性格の平和主義者だったらしい。他の多くの植物が、地面から水を吸い上げる太い根を持ったり、効率よくからだに栄養を運ぶための維管束を持ったり、寒さや外敵から身を守るために葉を硬くしたりと、より機能的に、よりスタイリッシュに進化していく横で、コケはそういったチャンスは全部放棄して、いつでも他者に道を譲ってきた。だからいまでも、からだは小さいし、構造も原始的。陸地の多くはすでに他の植物たちに取られているので、空いた隙間をありがたく使わせてもらっているというようなありさまだ。

さらに人間が誕生してからは、原野は開墾され、街がつくられ、もっと土地が減ってしまった。それでも文句一つ言わず、「そんなところにまで!?」とこちらが驚くようなわずかな隙間を器用に見つけて、けなげにつつましく生きている。よく目を凝らして街を歩けば、あっちにも、こっちにもそんなコケだらけ。彼らのその一貫した姿勢には感服してしまう。

維管束を持った種子植物やシダ植物など、高度な進化を遂げた植物を「高等植物」と言う。対して、簡素で原始的な構造のコケは「下等植物」。世の中ではコケのことをそんなふうに呼んで蔑む人がいるが、コケは進化の競争に負けた下等な植物なのではない。むしろコケは、進化の王道をあえて外れて、代わりに他者に寛容なDNAを手に入れた、地上で最初の平和主義者なのである。

街の隙間でつつましく暮らすコケたち。

したたかな根無し草集団

しかし、コケは進化の王道から外れたからこそ、他の植物にはまねできない、ちょっと変わった処世術を身につけている。

たとえば、コケは必ず集団で寄り集まって生きている。私たちがコケと聞いて、まず思い浮かべる緑の塊、あれは数えきれないほどたくさんのコケが何本も寄り添って生えている姿だ。海の小魚が群れで生活しているように、コケも大勢で集まってコロニーをつくり、生きていくのに必要な水をより広い面積で受け止め、保持して、乾燥から身を守っている。

また、コケは土がなくても生きていける。土がいらないなんて、植物としては異例中の異例、他の植物にはとうていまねのできない離れ技。どうしてそんなことができるのだろうか。

コケのからだは基本的に、葉・茎・仮根《かこん》の三つで成り立っている。仮根はからだを地表に固定させるためだけのもので、土から養分を吸い上げるための根ではない。栄養源の日光・水・空気は、葉や茎などからだの表面全体で吸収する。つまり裏を返せば、土に生える必要がなく、他の植物がまったくターゲットにしていない、石の上、木の表面などもすみかにすることができるのだ。隙間産業ながら、地面に固定された植物より、よっぽど自由に行動範

休眠状態に入ってしまうコケ。枯れているわけではない。

囲を広げて生きているというわけだ。

とはいえ、自由な根無し草生活にもリスクはあり、コケが生える所は、乾燥が著しい場所が多い。そしてコケのからだは単純構造のため、あいにく乾燥から身を守る機能を持ちあわせていない。コロニーをつくっても、守れる水分には限界がある。そこでコケたちはまたすごいことを考えた。「乾燥しちゃったら、生きるのを休めばいいんじゃない」と。

コケは体内に水分がなくなって長い乾燥状態が続くと、あるときから生命活動をいったん止めて、休眠モードに入ることができる。かんかん照りの夏の日に、からっ風の吹く冬の日に、道端でカラカラに乾いているコケを見かけることがあるだろう。実はあれは死んでいるわけではなく、呼吸や光合成をいったんやめた休眠中の姿。また雨が降り、暖かくなったら、コケはみるみるうちに緑色を輝かせて、活動を始める。

自由気ままに、そして自分に無理をせず、世の中を渡り歩くコケ集団。温厚な平和主義者に見えて、なかなかしたたかな横顔を持っている。

虫が嫌い

温厚な平和主義者であるコケでさえ、この上なくやっかいだと思っているもの、それは虫である。ご存じのとおり、植物は虫にとっての栄養源。植物の中には何とかして虫に食われまいと、葉や茎の表面を硬くしたり、とげをつけたり、毒を隠し持ったりと、虫対策を行っているものも多い。しかし、食害に遭う一方で、植物には虫の助けが必要なときもある。花粉や種子の運び屋になってもらおうと、目立つ色の花をつけたり、おいしい蜜を出したりと工夫する。一方、コケは、大嫌いな虫に繁殖を手伝ってもらおうなんて、これっぽっちも思っていないらしい。とにかく虫が嫌い、虫を寄せつけたくない。とはいえ、コケの小さなからだでは、虫よけのために凝った工夫もできない。では、どうすればいいのか？　答えは簡単。虫が驚くほど自分がまずくなればいいのである。

コケの専門書を読むと、事実、コケの研究者たちの多くは「コケはまずい」と断言している（国内の山小屋ではミズゴケが食卓にのぼる例もあるそうだが）。

モノは試しと、私も実際に何種類かのコケに「ゴメンナサイ」をして、生のまま食べてみたことがあるが、やはりどのコケも食用は断念せざるを得ない味だった。たとえば、オオミズゴケ（P96）は最初にコショウに似たスパイシーな味があり（と書くとおいしそうだが）、そのあとにはピリッとした辛味、そして強い苦味があった。ホソバオキナゴケ（P79）は草のような青臭い味のあとに苦味があり、さらに歯ざわりが砂をかんでいるように大変悪い。ジャゴケ（P87）については、鼻を近づけただけでサンショウのような強い香りがする（これは私にとっては意外にも好感の持てる香りだった）。えいやっとかんでみると、香りほど味は濃くなかったが、スッと鼻に抜ける爽やかな風味。どちらかといえば、口にねばつきが残ることのほうが気になった。いずれにせよ、これが虫の小さなからだに入るのはやはりキツかろう（各コケの特徴の詳細はP63〜「十苔十色」を参照）。

ちなみにコケのからだは、菌を寄せつけないほど高い抗菌性も持っている。つまり、腐りにくいのだ。とくにミズゴケはこの特性が見込まれて、昔から人間に利用されてきた歴史がある。たとえば、第一次大戦下のヨーロッパでは、物資の不足から脱脂綿の代用品としてミズゴケが使われていた。また今日でも北欧では、おしめや生理用品の吸収剤、赤ちゃん用のマットの詰め物として利用されている。抗菌性はもとより、通気性も良く、肌触りもなかなか良いし、何より広大な湿原から大量に得られるのが利点なのだろう。

虫には利用されまいと知恵を絞ったコケ。でも、まさか人間にこんな形で利用されることまでは予想していなかったに違いない。

うっかりさん!?

虫対策には成功したコケだったが、実はコケよりもさらに小さなミリにも満たないサイズの生き物たちには、うっかりそのからだをすみかとして利用されていたりする。このセキュリティの甘さが、元来性格が大らかなコケらしくて何ともほほえましいが、コケの言い分を聞けば、「いや、気づいてるんだけど、気に留めてないのヨ」と言うかもしれない。事実、コケにとってこれらの小さな生き物を体表に住まわせることは何のメリットもない。ただ自分よりからだが小さく、そして自分に危害を加えない生き物には、コケたちも気前よく自分のからだを利用させてあげているようだ。

クマムシ（体長一ミリ以下の緩歩動物《かんぽ》）を研究されている鈴木忠さんの著書『クマムシ?!——小さな怪物』（岩波書店）では、コケの中には実にたくさんの生き物が住んでいることが紹介されている。道端のコケをひとつまみして、水に浸して実体顕微鏡で見てみると、コケの葉の隙間には、クマムシをはじめ、センチュウやワムシ、原生動物の仲間など微小な生き物がたくさん住んでいて、「しばらく時間を忘れてしまうほどおもしろかった」とある。水分が豊富で、身を潜めることもできるコケの森は、彼らにとってはとても居心地の良いすみかなのだろう。また、クマムシがワムシを捕食するなど食物連鎖もコケの森の中ではできあがっている。

しかもこれらの生き物は、たとえコケが乾燥して水分がなくなっても死なない。次に水分がもらえるまで自らも乾燥して活動を停止し、そのときがくるまでやり過ごすという、まるでコケの休眠活動と同じような方法で生きのびるのだ（この能力を動物学の世界では「乾眠《かんみん》」と呼んでいる）。これはもう、コケをついのすみかとして一生を添い遂げる気満々、コケの運命共同体とも言えよう。

余談だが、これらの運命共同体の中でも、とりわけクマムシの生態は、とても興味深い。コケよりもさらに小さいので、なかなか見る機会がないのが残念なところだが、実体顕微鏡で見ると、四対の肢があり、その先には爪あるいは吸盤状の指を持ち、のそのそとコケの隙間を歩く姿はまさに熊のようである。さらに、乾眠時には、肢を縮めて酒樽のような形になり、高温・低温の乾燥状態だけでなく、超高圧や、人間の致死量の一〇〇〇倍以上のX線照射などにも耐え忍ぶという。そんな驚くべき生態の生き物が、コケのからだに好んで住むなんて……なんだかもうロマンを感じずにはいられない。

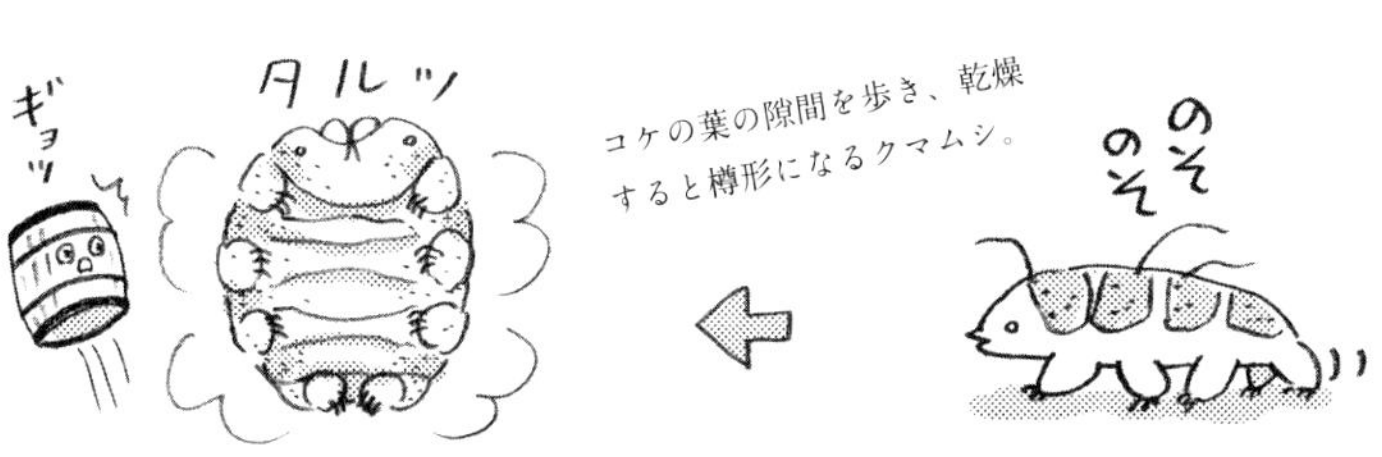

コケの葉の隙間を歩き、乾燥すると樽形になるクマムシ。

ひそかなこだわりを持つ

この章で最後に紹介するのは、コケの「ひそかなこだわり」についてである。からだの構造が原始的で簡素というようなことをこれまで書いてきたが、そんなコケでもある部分だけには、ひそかなこだわりがあり、丁寧な工夫を施している。

多くの植物は、花が咲いた後にできる種子で増えるが、コケには花や種子はなく、胞子で増える。胞子はとても小さくて、普通は一〇〜三〇ミクロン（一ミクロンは一ミリの一〇〇〇分の一）くらいの小さな球状の細胞である。この胞子をつくり蓄えておく部分を「蒴《さく》」という。コケを注意深く眺めていると、茎の先から、または葉と葉の間から、まっすぐで細長い針状のものが伸びていて、その先に花のつぼみのようなものがついているのを見つけることがある。この花のつぼみのような部分が蒴だ。蒴にはコケの種類によってかなりばらつきはあるが、数十〜数百万個の胞子が詰まっている。この蒴に、とりわけ蘚《せん》類のコケ（P31〜「コケと仲良くなるには？」参照）は工夫を凝らしている。

まず、蘚類の蒴の先端には「蓋」がついている。蓋は胞子が外に出るにはまだ早い状態のときにはぴっちりと閉まり、胞子が熟して外に飛んでいく準備ができると自然に取れる。

さらに、蓋が取れた後の口の周囲には「蒴歯《さくし》」という細長いギザギザの歯がついている。蒴歯の形は種類によってさまざまで、実に個性豊か。その多様性は被子植物の花のようだというコケの研究者もいるほどだ。そして蒴歯は、アサガオの花が日の出・日の入りで花びらを開いたり閉じたりさせるように、湿度の高低によって蒴の内側と外側に開閉する。これにより、蒴の中にある胞子をすくい上げて外に放出させたり、また、良からぬタイミングで無駄に胞子が飛ばないよう放出を防いだりしている。つまり胞子の散布量と散布タイミングの調節器官なのだ。蒴歯が湿ったときに開くか、乾燥したときに開くかは、蘚類の種類によって異なり、木の幹や枝の上に生える蘚類は湿ったときに、地面のとくに乾燥した場所に生える蘚類では乾燥したときに蒴歯が開くものが多い。

蓋が取れたノミハニワゴケの蒴。蒴歯は内と外に2列あるという贅沢なつくり。

　維管束も根もないコケ。されどせめても未来のコケ界を担う胞子たちにはできる限りを尽くしたい。蒴にはそんなコケの意地とも取れるこだわりが感じられる。

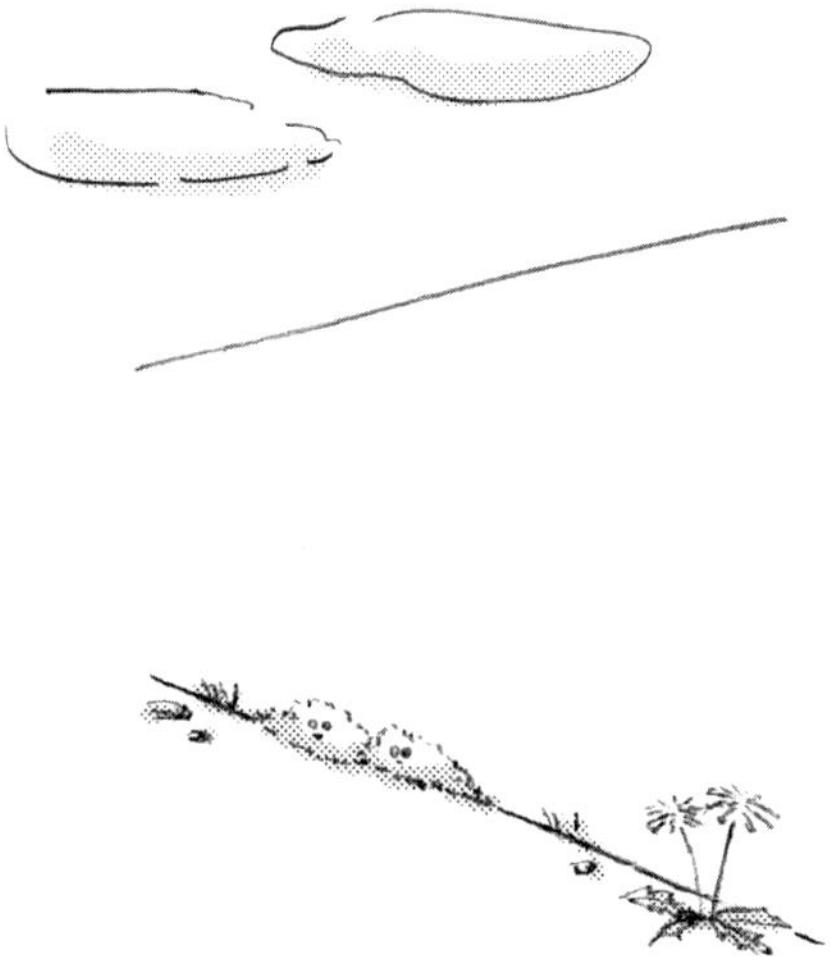

2

コケと仲良くなるには?

「コケと仲良くなってみたい」とさらなる思いを募らせるK子さん。
でも仲良くなるといったって、いったいどうすれば?
そして、コケと人間のあいだに本当に友情は芽生えるのか!?

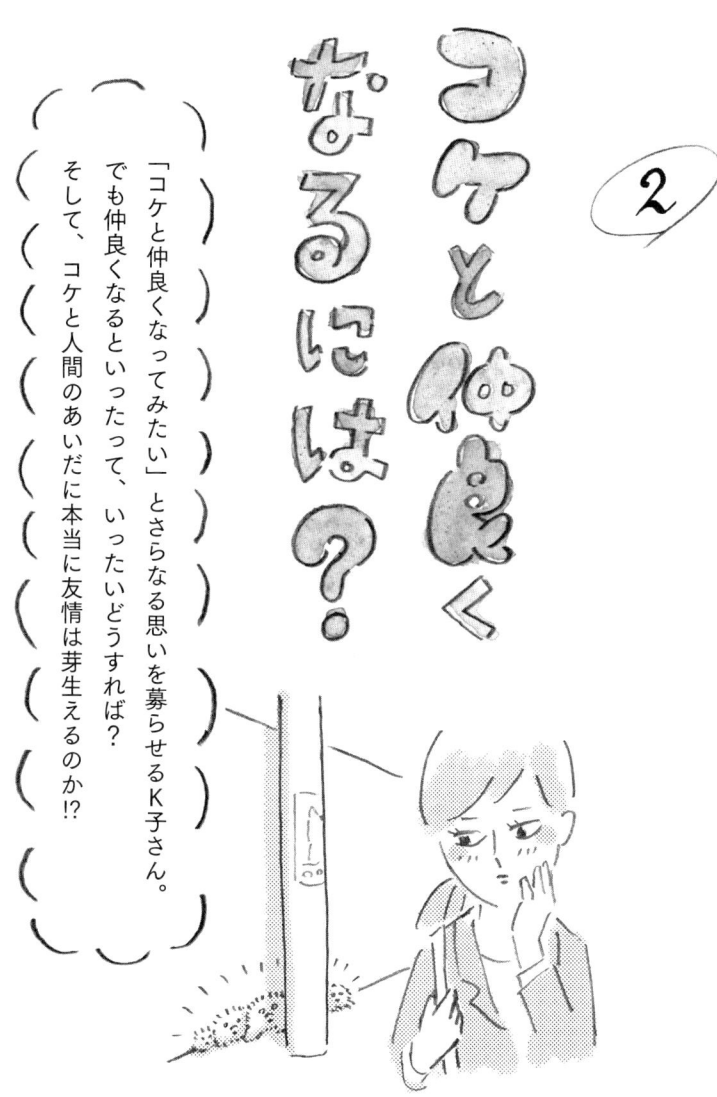

コケ探しの第一関門、人違いならぬコケ違い

コケの愉快な性格やユニークな生き様を知ってからというもの、K子さんはどこを歩くときにもコケのことを気にするようになった。改めて周囲を見てみると、コケは家を一歩出ればどこにでも生えている。コケの種類は日本だけで約一七〇〇種、世界には約一万八〇〇〇種も存在するのだ。あなたも「コケと出会いたい」と、意識してから風景を眺めれば、そこら中からいろんなコケが顔を出して、あなたに挨拶をしてくれていることに気づくだろう。

しかし、あなたに挨拶してくれたのは、もしかしたらコケではないかもしれない。というのも「コケのそっくりさん」が、コケの周りにはよく生えているからだ。最初は誰もがコケとコケのそっくりさんを勘違いする。いわゆる、人違いならぬコケ違いというわけだ。

ここでは、まず本物のコケとコケのそっくりさんを見極めるという話から始めよう。

今日でこそ、コケは植物分類学上で「蘚苔類《せんたいるい》」と呼ばれているが、そもそも「コケ」という日本語は、蘚苔類というくくりができる以前からあった。昔は「木毛」や「小毛」という漢字が当てられていたという。それが後に中国から渡って来た「苔（または蘚）」という漢字に、「コケ」という音が振られ、苔《こけ》、蘚《こけ》となった。

☑コケの見極めチェック ―コスギゴケ（雌株）―

からだのしくみと各部をあらわす用語

コスギゴケを例に、コケのからだはどんなパーツで成り立っているのか、また、それらがどういう役割を果たしているのかを知ろう。

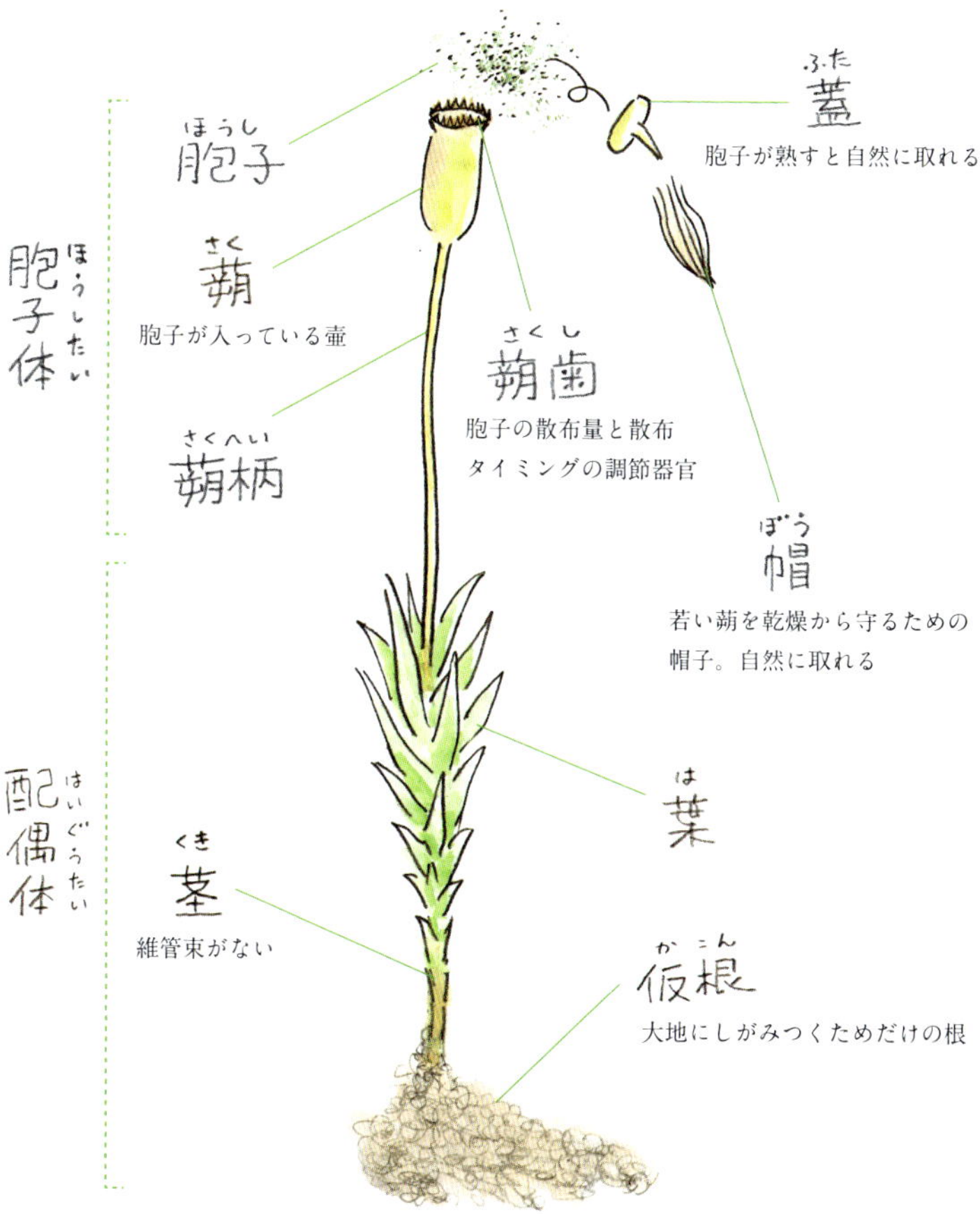
胞子体《ほうしたい》
胞子《ほうし》
蒴《さく》
胞子が入っている壷
蒴柄《さくへい》
蒴歯《さくし》
胞子の散布量と散布
タイミングの調節器官
蓋《ふた》
胞子が熟すと自然に取れる
帽《ぼう》
若い蒴を乾燥から守るための
帽子。自然に取れる
配偶体《はいぐうたい》
葉《は》
茎《くき》
維管束がない
仮根《かこん》
大地にしがみつくためだけの根

そして江戸時代後期から明治にかけて本格的な植物分類学の研究が進むと、学者たちの定めた「コケの条件」を満たす植物が蘚苔類と呼ばれるようになる。つまり、そういった学問が確立するより前の人々にとっては、花も実もなく、地面や木の幹から毛のように生えた生き物、蘚苔類をはじめ、シダ類、地衣類《ちいるい》（藻類と菌類の共生体）、藻類、菌類、そして小さな種子植物も、すべてひっくるめて「コケ（木毛・小毛）」だったわけだ。

いまでもそのときの名残か、シダ類や地衣類の仲間には、「○○ゴケ」と名前にコケのつくものがいくつもある。本物のコケの近くに生えている上、名前にも「コケ」がつくのだから、コケ初心者がコケと勘違いしてしまうのも当然かもしれない。

たとえば、コケをコケと見極めるための簡単なチェック方法がある。あなたがコケだと思ったもの

☑ コケの見極めチェック

それは本当にコケか!?

- □ 全体的にからだが緑色か黄緑色（例外的に、茶褐色や赤紫色のコケもいる。また乾燥していると茶色く見える場合もある）。
- □ 花がない。
- □ 葉と茎の区別がつく（区別がはっきりしないものもある）。
- □ 茎を折ってもスジ（維管束）がない。
- □ 引き抜くと地中に根がなく、スッと抜ける。
- □ 虫に食われていない。

読者ハガキ

おそれ入りますが、切手をお貼り下さい。

151-0051
東京都渋谷区千駄ヶ谷3-56-6

（株）リトルモア 行
Little More

ご住所　〒

お名前（フリガナ）

ご職業

□男　□女　才

メールアドレス

リトルモアからの新刊・イベント情報を希望　□する　□しない

※ご記入いただきました個人情報は、所定の目的以外には使用しません。

ご購読ありがとうございました。
今後の資料とさせていただきますので
アンケートにご協力をお願いいたします。

voice

お買い上げの書名

ご購入書店

市・区・町・村　　　　　　　　　　書店

本書をお求めになった動機は何ですか。

□新聞・雑誌などの書評記事を見て（媒体名　　　　　　　　　　）
□新聞・雑誌などの広告を見て
□友人からすすめられて
□店頭で見て
□ホームページを見て
□著者のファンだから
□その他（　　　　　　　　　　）

最近購入された本は何ですか。（書名　　　　　　　　　　）

本書についてのご感想をお聞かせ下されば、うれしく思います。
小社へのご意見・ご要望などもお書き下さい。

ご協力ありがとうございました。

を、右下のチェック項目に当てはめてみよう。四つ以上当てはまれば、それはかなり高い確率でコケだと言える。また、P33のコスギゴケのような、コケのからだの各部とその仕組みを頭に入れておくのも、見極めに役立つ。

それでも、いろんなコケがいる

とはいえ、実際にコケ探しをしてみると、先のチェック項目に当てはまったコケ同士なのに、あまりにも姿かたちが似ていないものがあることに、あなたは気づかれるだろう。

蘚苔類は、蘚類《せんるい》、苔類《たいるい》、ツノゴケ類という三つのグループに分かれている。胞子で増えることや、根を持たないことなど同じ特徴を持つという理由から蘚苔類という一つの系群にまとめられているのだが、実はこの三つのグループはそれほど近縁ではないことが最近では明らかになってきた。コケの研究者の中には「蘚苔類は雑多なものの寄せ集め」という人もいるほどだ。次に各グループに属するコケの特徴を紹介しよう。それぞれに形や特徴はさまざまだが、グループ内では何となく共通点が感じられるかもしれない。

コケの3つのグループ

蘚《せん》類

フンワリ
モコモコ
サヤサヤ

葉と茎の区別がはっきりしていて、茎が立ち上がるものと、這うものがいる。湿っていると美しく触り心地も良いが、乾燥すると縮れてみすぼらしくなるものが多い。湿った場所、乾いた場所、日陰、日なた、種類によって生える場所はさまざま。世界に約1万種（日本には約1000種）。

スギゴケの仲間

苔《たい》類

シットリ
ペタペタ
ウルウル

理科の教科書に登場するゼニゴケをはじめ、茎と葉の区別がなく地面にペタッと張りつくものと、葉と茎の区別がはっきりあるものがいる。植物体全体が柔らかい。乾燥はあまり得意ではなく、日陰がちな湿った場所や水際を好んで生える。世界に約8000種（日本には約600種）。

ゼニゴケ

ツノゴケ類

ツンツン
ベッタリ

ツンツンと立った角状の胞子体が特徴。しかし角が出ていないとツノゴケだと気づかれず、人間との出会いは少ない。日当たりの良い、湿った地面を好むものが多い。世界におよそ100〜400種類（日本には17種）いると推測されるが、確かな数は未だ不明。

ナガサキツノゴケ

ニワツノゴケ

シノブゴケの仲間

ホウオウゴケの仲間

シラガゴケの仲間

クモノスゴケモドキ

ムチゴケの仲間

コマチゴケ（雌株）

コケのそっくりさんたち

そっくりさんであり、コケの近くに生えることも多いため、コケ初心者にはよくコケと間違えられる。

スミレモ（藻類）

ハナゴケの仲間（地衣類）

ツメクサ（種子植物）

クラマゴケの仲間（シダ類）

季節によっても姿かたちは違う

コケも他の植物と同じく、季節と共に成長し、若いものと老いたものでは見た目が大きく異なる。その一連の成長過程を知らないまま断片的にコケを見ていると、同じ個体でも別種類のコケと勘違いする。もし通勤・通学路など毎日通る場所でコケを見つけたら、四季を通して成長を見守ってみよう。きっと変化に富んだコケの一生が見られるはずだ。

多くのコケは、他の植物より一足早い春先に新芽をつける。草木の葉が展開すると光が自分たちの所まで十分に届かなくなるので、そうなる前に光合成を行っておくのが彼らの処世術。そして梅雨が始まると同時に、恋の季節に突入する（もちろん例外もあり、種類によって真夏の太陽の下や、北風が吹く寒い季節にこそ、恋心が燃え上がるタイプもいる）。

コケの恋は水頼みだ。他の植物なら風や虫が花粉を運んでくれるが、コケの雄株の精子は雨水を介して雌株の卵にたどりつく。コケたちの小さな恋の物語を見守る立場としては、この時期にちゃんと雨が降ってくれるか、毎年ドキドキしてしまう。

そして、めでたく受精が成立すると、雌株にはその愛の結晶として胞子体ができる。胞子体の柄が十分に伸びると、その先端に壺のように膨らんだ蒴ができ、中にはたくさんの胞子

一生の中で何度も変身！
コケのライフサイクル
胞子（コケの種子）
原糸体
（コケの赤ちゃん）
幼植物（子どものコケ）
精子
造卵器
雌株
雄株
造精器
配偶体（大人のコケ）
胞子体
（受精後の雌
株にできる）

が入っている。胞子は成熟すると蒴から飛び出し、風に乗って旅をする。舞い降りた場所が気に入れば、発芽して、コケの赤ちゃん・原糸体《げんしたい》となり、地面に糸状に広がって成長していく。原糸体は小さすぎて目には見えない。でも、何もなかった地面や岩場が、ある日うっすら緑色に変わっていたら、そこには原糸体が居る証拠。近くにコケの群落があれば、そこから巣立った子どもたちかもしれない。

コケの多くは多年生で、晩秋から冬は乾燥を耐え忍び、また春先になると芽吹き始める。

コケにも季節によって恋があり、盛衰があり、その一生はなかなかドラマティック。一つのコケを一年通して見つめてみれば、翌年のあなたのコケに対する親しみはぐっと増しているにちがいない。

ルーペという名の眼鏡をかけて、いよいよコケに話しかける

さて、本物のコケを見つけたら、いよいよコケに話しかけてみよう。そのための魔法の道具、それがルーペだ。

どんなコケも必ず群れで生きている。この群落に挨拶を交わす程度なら肉眼でも十分なのだが、群落の中にいる一本一本に話しかけたいときにはルーペが必需品となる。

虫眼鏡はおなじみでも、拡大率の高いルーペは、初めて手にすると意外と使い方にとまどう。虫眼鏡を使うときの調子で、自分の顔は動かさずにレンズだけを対象物に近づけていくと、ピントがなかなか合わない。ピントを合わ

ルーペいろいろ

拡大率の高いルーペ（左）と低いルーペ（右）

拡大率 10 ～ 20 倍と、2 ～ 3 倍のもの、2 種類あると便利。大型文具店や雑貨店、100 円ショップ、インターネットなどで、100 円～数千円で購入できる。

※ルーペや虫眼鏡で太陽を見ると失明の恐れがあるので注意！

じぃっ

ルーペの使い方

1. ルーペは眼鏡をかけるように、目にしっかりとくっつける。
2. コケに少しずつ近づいていく。
3. ピントの合ったところで止まる。さぁ、コケに話しかけてみよう。

顔を近づけにくい場所のときは、つまみ取ってくれてOK。でも、またもとの場所に戻してね！
いってらっしゃーい
早くかえってきてねー

さっ

拡大率の低いルーペを使う場合はこれくらいの距離で。

肉眼の世界からルーペの世界へ

ルーペで見たエゾスナゴケ

ルーペで見たジャゴケ

せようとルーペだけ上げ下げしていると、やはりぼやけるばかり……。

ルーペは、「眼鏡をかけるように」使うのが正しい使い方。まつ毛が当たるか当たらないかの距離までレンズを目に引き寄せてから、からだごと対象物に近づいていく。ツル無しの手持ちタイプのごく小さな眼鏡をかけている自分をイメージするとわかりやすい。

ルーペの正しい使い方がわかると、途端にコケを見るのが楽しくなってくる。コケの表情がわかり、イキイキと輝いている様子が見えてくる。そう、コケの方もずっとあなたが近づいて来てくれるのを待っていたのだ。

レンズの奥に現れた群落は生い茂る森。そして一本一本のコケはまるで大木。森の中に迷い込んだ小さなあなた。さぁ、目の前の大木になんと話しかけてみる?

ルーペでのぞくミクロの世界は、多様なコケたちのパラダイス。

触ってコケの声を聞く

コケに話しかけることができたら、今度はコケを直接手で触ってみよう。コケを触ると、不思議とコケの気持ちがわかるような気がしてくる。

軽くなでてみて、ほどよい湿り気となめらかな感触が確かめられれば、コケの気分は上々。「今日もとっても幸せ〜」ってなものだ。反対に乾いていれば、「乾燥が厳しくて…。何とか耐え忍んでますヨ」とか「グ〜グ〜（休眠中）」とか、そんなコケの内なる声が聞こえてくるようだ。

コケにとって触られることは、人間と気持ちが通じ合える上、繁殖の面でもメリットがある。多くのコケは、胞子を飛ばすという有性的な繁殖方法に加え、無性芽や葉の一部など、いわゆる彼らのコピーを飛ばして無性的に繁殖する術も持っている。つまり、なでられたり、つまみ上げられたりすることは、その瞬間に配偶体についている無性芽や葉があちこちへ飛び散り、繁殖する機会を得ていることにもなるのだ。ぜひたくさん触って、彼らの繁殖にも手を貸してあげよう。

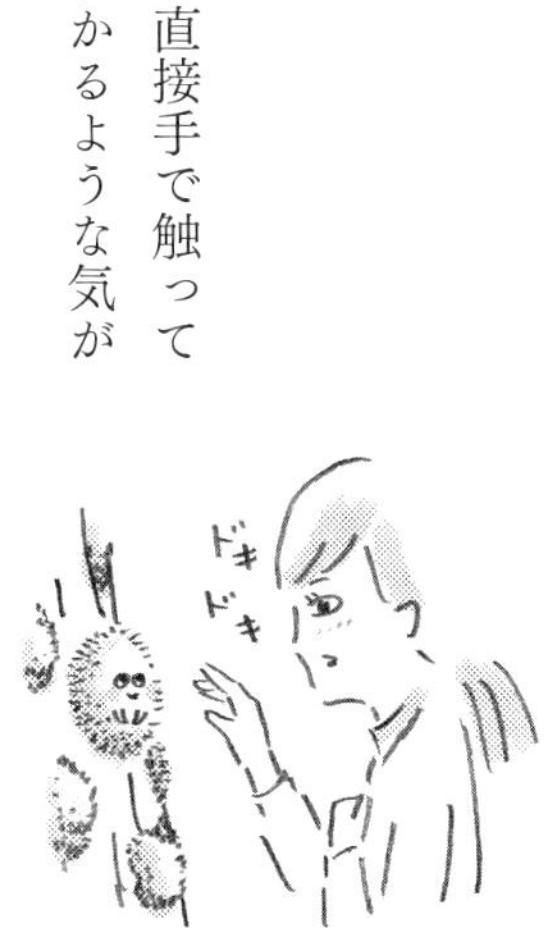

フデゴケ（P71）の仲間は、なでてあげると、ぴょんぴょんと葉先がはじけ飛ぶ。飛んだ葉先は裸地でまた繁殖していく。

ハマキゴケ（P69）は乾いた状態（茶色）だと、カチカチ、ゴワゴワ。湿った状態（黄緑色）だと、シットリ、モコモコ。霧吹きで水を与えるとみるみるうちに色も変わるので、面白い。

樹幹にうっすらとついたコケには、指で優しくタッチ。

ときには大胆にコケの中に手をうずめてみたりも。

コケをわが家に招く

コケとのコミュニケーションが楽しくなってくると、もっとコケが近くにいてほしいと思うようになってくる。これは人間関係において、新しいともだちとある程度仲良くなったら、次はわが家に招きたくなるのとなんだか似ている。道ばたなどで仲良くなったコケをわが家に招きたいと思ったら、どうすればいいのだろう。

そう書いておきながらなんなのだが、屋外に生えているコケと親密になりたいからといって、安易に人間の家に招くというのは、実はあまりオススメできない。意外に思われるかもしれないが、野生のコケを招き入れ、そのまま居ついてもらうというのは、とても難しい。たとえ、さえない道ばたの隅に生えているコケだったとしても、コケはその場所が気に入って生えている。その気持ちを無視して家に持ち帰ってしまうというのは、コケの方からしたら迷惑な話なのだ。

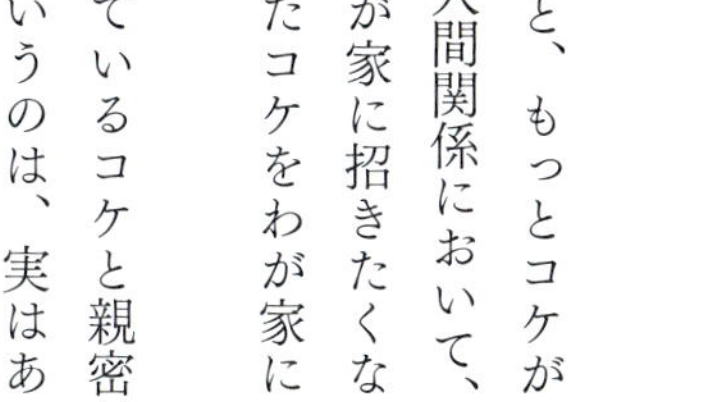

気軽なお誘いがコケは苦手。

最近は、苔玉やミニ盆栽が園芸店などで取り扱われているのをよく見かける。まず手始めに、そういった人の手によって選別された、ある意味、育てやすいとプロが認めたコケから、わが家に招いてみることをオススメする。

とはいえ、買ってきたコケでさえも、観葉植物を育てるような具合で世話していると、大方は逃げられる（つまり、枯れる）。これはもう、コケの根無し草的性格に由縁するところなのだとしか言いようがないのだが、観葉植物のように室内に置いてもらったり、肥料を与えられたりと、手厚く世話をしてもらえばもらうほど、コケは「よけいなお世話！」とばかりに次第に機嫌が悪くなる。人間社会でも、どんなに仲良くなろうとも他人と一定の距離をしっかりキープするタイプの人がいる。そういう人にとっては、こちらの親切が干渉になり得る。コケも外で放っておいてもらうくらいの距離感がちょうどいい。誰にも干渉されずマイペースに生きることに、何よりも幸せを感じるタイプなのだ。

ただし、放っておくといっても、水も与えずにただ置いておくだけだと、さすがにそれは枯れる。コケを置く場所は必ず屋外、そしてできるだけ毎日水をあげて、最低でも一年は注意深く様子を見守ること。

それらのルールを守ってもなお、必ずどこかのタイミングでコケは機嫌を悪くする。それくらいコケは気難しい。でも一方で、一見枯れたと思っていたコケも、毎日水をかけ続けてあげていれば、半年後や一年後に新芽を出して復活することもよくある。そして、そ

世話を焼くほどご機嫌斜めに。

のとき生えた新芽は、あなたの家のベランダや玄関先の環境に適応して自ら生えてきたものなので、生命力が強い。新芽さえ出てしまえば一安心。それからは、否が応でもコケとの長い同居生活が始まるので、お楽しみに。

コケをわが家に招き同居するポイント

どんなコケを招くか

まずは自分の家の近くに生えているコケをチェック。それらと同じ種類の方が、そうじゃないものよりも育ちやすい。都会なら、ギンゴケ（Ｐ66）やホソウリゴケ（Ｐ67）などが、ベランダの乾燥した環境にも比較的強い。また、エゾスナゴケ（Ｐ74）やハイゴケ（Ｐ75）、ホソバオキナゴケ（Ｐ79）なども繁殖力があり、育てやすい。園芸店で購入する際に、まずはお店の人に自分の家の環境を伝えて、どんなコケが向くか尋ねてみるのもいい。

そして一年ほどたってコケとの同居に慣れてきたら、近所のコケをお招きするもよし。ただし、他人の敷地のコケであれば、必ず断ってからいただくこと。そしてその場にあるコケは根こそぎ採らず、少しだけ採るようにすること。

どこに招くか

ベランダや玄関先など必ず屋外で、風通しが良く、空気がこもらない場所が良い。また、多くのコケは、午前中いっぱいは日が当たり、午後からは日陰がちな「半日陰」の環境を好む。強い西日が当たる場所、風当たりが強い場所は、ヨシズなどで囲い、日よけ・風よけをしてあげること。

同居のコツ

雨の日以外は毎日水をたっぷりあげる。コケには肥料も必要ない。基本的に世話はこれだけで十分だ。水やりは午前中に行うのがベスト。乾燥にはめっぽう強いコケも、気温の高い日中に水を与えられると群落の内部が蒸れてしまい、死んでしまう。とくに夏の昼間の水やりは厳禁だ。同じ理由から、鉢の受け皿にたまった水は捨てること、空気のこもった場所には置かないことも重要だ。

もし、部分的に茶色や黒色に変わってきたら、その部分は迷わず取り除く。その際は、ピンセットを使うと便利。全体的に色が変わらない限り（こうなった場合は死んでいる）、多少元気がなくなっても緑の部分が残っていたら、しばらく見守っていてあげよう。

3 いろんな場所へコケトリップ

所変われば、気候や風土が変わり、自生しているコケの顔ぶれも変わる。
「もっといろんなコケとともだちになりたい！」と、
K子さんはさらなる野望を胸に、コケ探しの旅へ出かけることにした。

もっとも手軽な出会いの場、ご近所へ

より多くのコケと出会うコケトリップとして、もっとも手軽な行き先はご近所だ。

知った場所だからといって、侮るなかれ。「コケと出会いたい」という気持ちを高め、地面に意識を集中させて、うつむいて歩く（この行為をコケ好きたちの間では「コケセンサーをつける」という）。すると、いままで見えていなかったコケたちが続々と目の前に現れて、きっとあなたは驚くに違いない。

「私は都会のど真ん中に住んでいるから、周りに緑もないし、コケなんていそうにない」という人も心配ご無用。都会のコンクリートジャングルにだって、多様なコケが住んでいる。もちろん、彼らは仕方なくそこに生えているわけじゃない。田舎よりも都会に心惹かれる人間がいるように、彼らは好んで都会の片隅に生きるシティー派のコケたちなのだ。

ちなみに私は東京・新宿から電車で一〇分ちょっとの、わりと都会の住宅街に住んでいるが、自宅から徒歩三分圏内を歩くだけでも、およそ一〇種類のコケと出会える。ご近所だからいつでも会え、いまではすれ違うたびに「おっ、今日も元気ですね」と話しかける仲。

さらに、時々、写真とメモで生態記録をつけておくと、各コケのキャラクターも見えてきて面白い。大通りの街路樹で「大気汚染なんておかまいなし！」と攻めの姿勢で樹幹に群落を広げるのはサヤゴケ（P80）、団地の庭がお気に入りで春先には新緑で目を楽しませてくれるのはコツボゴケ（P72）、道ばたの隅のギンゴケ（P66）は、毎日、銀色に鈍く輝きながら「今日もがんばれよ」とこちらに合図を送っているよう。

ただし、ご近所コケトリップで一つ気をつけなければいけないことがある。それは人間のご近所さんたちの目だ。コケセンサーの赴くままに歩いていると、時々よそのお宅の敷地に入っていたり、通行人の邪魔になっていたりすることがある。そうじゃなくても、街角で何分も同じ地面や壁を見つめていたら、怪しまれるのは当然のこと。かといって、せっかく出会ったコケとじっくり向き合えないのはさみしい。

ここは一つ、「他人にどう見られても気にしない」とまずは腹をくくり、かつ、周囲の人に不安感を与えぬよう、毅然とした態度で振る舞おう。もし「何しているんですか？」と尋ねられたら（実際にこういうことはよくある）、恥ずかしがらず「ステキなコケがここにいるんですよ」と爽やかに答えるようにしよう。案外そこから話が弾み、いままであまり交流のなかった人間のご近所さんと親しくなれることだってあるのだ。

背中に視線を感じたら、ご注意を！

コケトリップ〈1〉

ある日のご近所編

「東京都内のとある住宅街」

ルーペを片手に自宅から徒歩三分圏内を歩いてみたK子さん。「こんなにコケたちがいたなんて！」とびっくり。一気にともだちゴケが増えたようだ。

ギンゴケの壁

きれいな銀緑色のギンゴケは、日当たりの良い壁面がお気に入り。

K子さんの家

コケロード

家を出た直後、歩道に沿ってコケが独自に道をつくっているのを発見。毎日通っているのにいままで気づかなかった！

駐車場

ゼニゴケ勢力拡大中

黄色い胞子がまさに飛ばんとしているところ。がんばれ、駐車場の未来を担う胞子たち！

樹幹はコケの高層住宅

住民が大勢いる団地と同じく、団地前の樹木や芝生の隙間には、いろんなコケが暮らしていた。

テリーヌの小道

色違いの三層はまるでテリーヌのよう（オレンジは地衣類）。なんだかおいしそうに見えてきた!?

コツボゴケ

ハイゴケ　ナミガタタチゴケ

魅惑のコケスポット、鎌倉へ

ご近所ゴケとともだちになったら、次はちょっと足を伸ばして緑の多い場所へ出かけてみよう。

とくに東京周辺に住んでいる人には、鎌倉（神奈川県）は魅惑のコケスポットとしてオススメだ。鎌倉は横浜という大都市に隣接しながら、自然が多く、町全体が山々に囲まれた山ふところの町。山の木々によってほど良い湿度が保たれているため、開けた都会よりも、より多種のコケが住みやすい環境なのである。さらにあちこちに社寺仏閣があり、境内は古くから自生するコケたちの宝庫。観光客の多くは、社寺仏閣を見ながらサクラやアジサイ、モミジなど季節の花木を楽しみにこの地を訪れるが、社寺仏閣と共にコケを愛でるのも、また乙なものである。

鎌倉でなくとも、似たような場所は日本各地にある。もともと日本は国土の三分の二が山地。山あいを縫うように、または山あいのくぼ地に町が築かれてきた。あなたの住んでいる近辺でも、ちょっと電車に乗れば山がちな場所はきっとあるはず。ちなみに、日本各地のパワースポットと呼ばれる場所へ行ってみると、そこがなかなか良いコケスポットでもある場合が多いと、最近、各地を巡っていてよく感じる。

さて、鎌倉の話に戻ろう。鎌倉のお寺や神社には、多くのコケが自生している。境内に入ったら、庭の木々の樹幹や根元、石垣、石段、建物の屋根などを見てみよう。なかでも、参道の石垣でよく見かけるのはコバノチョウチンゴケ（P73）。茎が垂れ下がってキツネのしっぽのような形は、まるで参拝者におじぎをして出迎えてくれているようだ。また、銅ぶき屋根の下や、屋外に安置されている銅製の仏像の足元には、銅イオンを含んだ雨水が流れる場所に生えるホンモンジゴケ（P70）が見られることもある。

社寺仏閣以外にも、鎌倉時代に交通と防衛のために山を切り開いて築かれた通路「切り通し」に行ってみるのも面白い。ジャゴケ（P87）、エビゴケ（P92）など、一日中涼しく、やや湿っぽい場所を好むコケたちが通路の壁面に大群落をつくっている姿に出会えるだろう。

鎌倉は人気の観光地なので、基本、年中混み合っている。コケトリップは、午前中のできるだけ早い時間からスタートする方がいい。さらに、季節の花木で人気の寺は、あえて外して回った方が無難。人だかりの中でじっとしゃがんでコケを観察するのは、なかなか難しい。静かな場所を選んで、じっくりコケと仲良くなろう。

コケトリップ〈2〉

初夏の鎌倉編［神奈川県］

初夏のとある休日、K子さんは仏像好きの友人と北鎌倉へ。北鎌倉は駅からすぐの所にいくつもお寺があるので、比較的短い時間で効率よく回ることができる。

仏様を慕って

お美しい螺髪に目が行きがちだけど……その足元にはとても小さいコケが（たぶんホンモンジゴケ）。いつか仏様全体を包んでほしい。

壁面の競演

このお寺は、壁面に紫の花をつけるイワタバコが有名。左には、「私もいるわよ」とフタバネゼニゴケがライバル心を燃やしている模様。

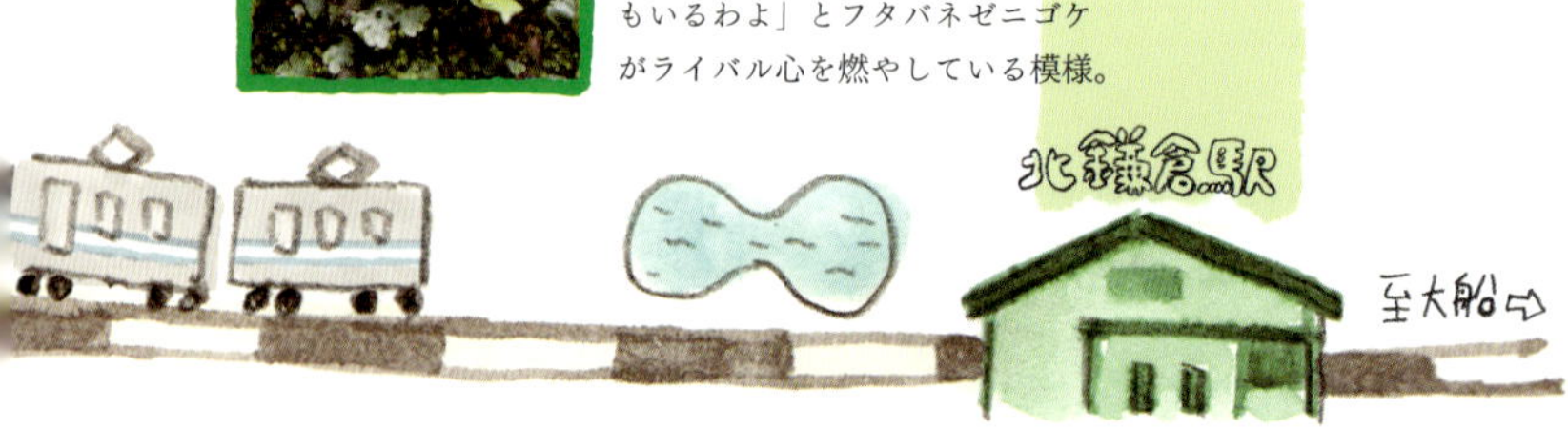

切り通しは緑のカーテン
両側は上から下までコケやシダ、草木が茂って緑のカーテンのよう。エビゴケはとくに大きな群落で目立っていた。

至鎌倉

寿福寺

参道でお出迎え
参道の脇ではコバノチョウチンゴケがお出迎え。友人にルーペを貸したらすっかり夢中になって観察していた。

亀ヶ谷坂切通し

長寿寺

苔庭で一服
ウマスギゴケたちがつくった苔庭を眺め、一休み。心が落ち着くなぁ。

スニーカーで登れる山、高尾山へ

近所のコケと出会い、郊外のコケと出会ったら、次は思いきって山へコケトリップ。山には街とは比較にならないほど、たくさんのコケが暮らしている。山のコケは、街の隙間でつつましく暮らすコケたちとはうってかわって、水分をたっぷりと含み絨毯のように広く地面や朽木を覆う。コケたちの大群落が他の植物が育つための土台となって、豊かな森を築き上げている。そしてその量の豊富さもさることながら、山ではいままで図鑑でしか見たことのないような、レアなコケとも出会えるチャンスがたくさんある。

山に登りなれていない人は、何も高い山へ登らなくていい。街から近くて、スニーカーでも歩ける低山にも多くのコケが住んでいる。

たとえば、東京近辺なら高尾山（標高約五九九メートル）は、東京都心から電車で一時間とアクセスがよく、山初心者でも登りやすい。ケーブルカーやリフトもあり、山頂では売店も充実しているので、スニーカーとリュックサックさえ準備すれば、軽装でもＯＫ。登山というよりはハイキング感覚で歩くことができる。一号路から六号路まである登山コースの中でも沢に沿って歩く六号路は、キヨスミイトゴケ（Ｐ91）、ケチョウチンゴケ（Ｐ98）、アブラゴケなど水際や湿った場所を好む形のユニークなコケと出会えるのでとくにオススメだ。

山コケトリップにも出かけるほどコケのことが好きになると、新しいコケと出会うたびに、そのコケの正確な名前を知りたいという好奇心も次第に強くなってくる。その際、ハンディ図鑑を持っていけば、生えている環境、葉や蒴の形からある程度の見分けをつけることができる。でも、コケはとても小さく、そして形のよく似たものも非常に多いため、図鑑が手元にあってもはっきり見分けがつかないこともよくある。こうした状況に、研究熱心で真面目な性格の人ほどストレスがたまってしまうかもしれない。でも、ある意味、名前にこだわりすぎないこともコケと親しむコツなのだ。

コケの方はそもそも自分の名前なんて気にしていないし、名前を間違えられたところで腹を立てもしない。それよりも、あなたとふれあい、ともだちになれることを心待ちにしている。図鑑よりも、まずはあなたの五感でコケのことを知ろう。写真を撮っておけば、名前の照合は帰宅後からでも十分間に合う。むしろあなたがその場で、そのコケの愛称をつけたっていいのだ。

コケたちとの楽しいふれあいの時間は少しでも長く。そうすれば、下山時にはきっと、あなただけのともだちゴケがたくさん増えているにちがいない。

コケトリップ〈3〉 秋の高尾山編

【東京都八王子市】

最近知り合ったコケ好きさんたちに誘われて、
晩秋の高尾山へ出かけたK子さん。
コケに夢中になるあまり、
なかなか山頂に着けない三人なのだった。

まだらな壁
緑色と茶色が入り混じった壁面。よく見てみると全部チャボスギゴケ。潤っている部分は緑、乾いている部分は茶色になっていた。

山道沿いにかわいいフリル
ぬれた土上に群落をつくっていたのはホソバミズゼニゴケ。先端がフリルのよう。このかわいい姿が見られるのは、晩秋から冬の寒い季節限定だ。

高尾山頂
高尾ビジターセンター
薬王院
6号路

山頂からの眺め
通常(約90分)よりも倍近い時間をかけてようやく到着。うっすらだけど富士山が見えて感動!

枝から垂れ下がるコケ?!
おそらくキヨスミイトゴケ。沢沿いの空気のきれいな所が好き。

コケから毛が!?
沢に横たわっていた倒木にケチョウチンゴケ。毛に見える部分は実は仮根。

憧れのアブラゴケ
図鑑で見て、その不思議な名前が気になっていたK子さん。名前の通り油が塗られたようにテカっていて納得。

巨大ジャゴケ発見
こんな大きなジャゴケ、街ではめったにお目にかかれない!

K子さんオススメのコケスポット

箱根美術館・神仙郷（神奈川県）

美術館の敷地内にある苔庭。日本各地から集められた約130種類のコケと出会える。

交通　箱根登山鉄道強羅駅からケーブルカーで公園上駅下車すぐ。

銀閣寺＆法然院（京都府）

京都のコケスポットは数多あるが、この2ヵ所は徒歩10分ほどの近い距離なので、はしごが可能。観光客でにぎわう銀閣寺を先に、次に静寂に包まれた法然院を回るのがオススメ。

交通　（銀閣寺）ＪＲ京都駅から市バスで「銀閣寺道」または「銀閣寺前」下車、徒歩約５分。（法然院）JR 京都駅から市バスで「浄土寺」 下車、徒歩約 10 分。

赤目四十八滝（三重県）

「日本の滝百選」にも選ばれている紀伊地方の渓谷。滝と滝をつなぐ約4㎞の行程にはすべて遊歩道が通っているので、ハイキング感覚で歩ける。

交通　近鉄大阪線赤目口駅下車、そこから三重交通バスで「赤目滝」下車、遊歩道入口まで徒歩約５分。

八ヶ岳山麓・南沢／北沢（長野県）

八ヶ岳の登山者が利用する麓の登山道。美濃戸山荘（標高 1760 m）から南沢と北沢に道が分かれるが、どちらも沢沿いの樹林帯で、いたる所がコケだらけ。片方の沢だけでも十分一日楽しめる。

交通　ＪＲ中央本線茅野駅下車、そこから諏訪バスで「美濃戸口」へ。夏期は新宿から美濃戸口まで毎日新聞旅行が運行している直行バスもあり。美濃戸山荘までは徒歩約１時間。

屋久島（鹿児島県）

勇気のいる距離だが、行って損はないコケの聖地。森には約700種類ものコケが生育。「ヤクシマ」と名のついたコケも16種類に上る。白谷雲水峡とヤクスギランドが主なコケスポット。

交通　東京・大阪・福岡・鹿児島から飛行機で屋久島空港へ。鹿児島港からフェリーや高速船も出ている。

※「交通」は2016年7月現在の情報です。行き方、開館時間、休館日などは事前によく確認してください。

4

十苔十色

～魅惑のキャラ満載！
ともだちになりたいコケ50種～

人間は一人ひとり顔も違えば性格も違う。
それはコケも同じこと。
あなたがともだちになったコケはどんなコケ？
愉快で不思議なキャラクターたちが続々登場！

見える人には見える、コケの顔

前章までは、コケとともだちになるまでのプロセスを中心に紹介した。ベランダで偶然コケと出会ったK子さんも、いまではすっかりコケとともだちになる楽しみを覚えたようだ。いまのK子さんの目には、コケがまるで人間のように個性を持ち、意思のある存在に映る。

K子さんに限らずコケに興味のある人ならば誰にでも、目の前の一つひとつのコケにそれぞれ違った顔があるように思える瞬間がいつか訪れる。人の数だけ違った個性があることを十人十色というように、コケの世界も十苔十色。見ていて、かわいいコケもいれば、カッコいいコケもいる。照れ屋なコケ、あつかましいコケ、おしゃれを気にするコケ、時には思わず同情を寄せてしまうほどはかないコケもいたりする。そんな個性豊かな面々と出会えるのが楽しくて、K子さんも、そして私もコケを求めて今日も方々を歩いている。

次のページからは図鑑形式で、ともだちゴケとしてオススメのコケを紹介する。生物学的な特徴に加え、各コケの知られざる性格についても記してみた。とはいえ、ここで紹介したキャラクターは、あくまで私が出会ったコケについてのこと。もし、新たなコケの一面を発見したら随時書き加えて、あなただけのキャラクター図鑑にしてほしい。

魅惑のキャラ満載！ ともだちになりたいコケ50種（さくいん）

日本に生育する約1700種のコケのうち、出会う機会が多いもの、コケ初心者でも見つけやすいもの、生態がユニークなものなど、ともだちゴケにオススメの50種を厳選して掲載。なお、掲載順序は同じような環境に住むものを以下の順序でまとめた。

人間のくらす場所で出会えるコケ

自然の豊かな場所で出会えるコケ

高山で出会えるコケ

※これらのコケは、必ずしも上記で区分した生育地だけに生えるわけではない。生育地が複数にまたがることもよくある。

※サイズや生育地などのデータは、主に『日本の野生植物 コケ』（編：岩月善之助／平凡社）を参考にした。

01

ギンゴケ

コンクリートジャングルを愛するシティー派

葉の上半分に葉緑体がなく透明で、乾燥するとその名の通り、銀白色に見える。

コケの中でもとりわけ生命力が強く、都会を愛するシティー派である。コンクリートの道端、側溝、ビルの屋上などに生え、「今日もしっかりやりな」と道行く疲れたサラリーマンを励ますのが日課。そのタフなボディと渋い容姿に憧れる周囲のコケからは、「銀さん」と呼ばれている。

富士山の頂上や、南極などでも生育が確認されている。なぜかクマムシに好かれる。

【ギンゴケ / Bryum argenteum】●蘚類ハリガネゴケ科 ●サイズ…茎の高さ0.5～1㎝。●生育地…北海道～琉球。低地～高地の岩上、地上やコンクリート上。都会でも普通。●メモ…春と秋に長卵形の蒴をつける。白みがかった緑色はコケの中では珍しく、ホソバオキナゴケと共によく盆栽に用いられる。

02

ホソウリゴケ

道端の御三家①

都会の道端を彩るコケの一つ。石畳の隙間やコンクリートの亀裂などとくに狭い空間を好んで生える。見た目がギンゴケとそっくりだが、ギンゴケのように乾燥しても葉先が銀白色にはならず、緑一色。また、そこまでタフでもない。ただ、ギンゴケのことを兄貴分のように慕う。

　また、ハマキゴケ、チュウゴクネジクチゴケらと「道端の御三家」という徒党を組み、道端の緑を維持するべく精力的に繁殖している。

【ホソウリゴケ / Brachymenium exile】●蘚類ハリガネゴケ科 ●サイズ…茎の高さ0.5㎝以下。●生育地…北海道〜琉球、小笠原。主に都会の道端、石畳の隙間、地上や岩上など。●メモ…春先の若い蒴は浅緑色で、形もまるでウリのよう。

03

チュウゴクネジクチゴケ

道端の御三家②

濃い緑色〜暗い緑色。湿ると細長い二等辺三角形の葉が開き星のように見える。また、蒴歯が束になって縄をよったようにねじれているのが大きな特徴で、名前の由来にもなっている。

「道端の御三家」の一員。単一種で生えるというよりも他のコケの群落に上手に入り込み、そこからちゃくちゃくと団子状に自分の群落を広げるというちゃっかり者である。とりわけ、ハマキゴケの群落にお世話になっている姿が見かけられる。

【チュウゴクネジクチゴケ / Didymodon constrictus】● 蘚類センボンゴケ科 ● サイズ…茎の高さ4㎝以下（ハマキゴケよりも長め）。● 生育地…本州〜九州。主に東北以南の低地。土上、岩上、道端、ブロック塀や車道脇・線路脇の側壁など。● メモ…なぜチュウゴクと呼ばれるのかは謎。

04

ハマキゴケ

道端の御三家③

湿った状態だと明るい黄緑色だが、乾燥すると葉がクルクルと内側に巻くように縮れ、茶褐色に。「葉巻」の名前もそれに由来する。

「道端の御三家」として、乾いた都会の道端をコケの緑でいっぱいにしたいという夢がある。しかし、いかんせん湿度次第で自身が茶褐色になってしまうため、歯がゆさを感じている。さらに乾燥しているときこそ、無性芽がよく飛び、意図せず繁殖行動が活発になってしまうのが、このコケの悲しい性である。

【ハマキゴケ / Hyophila propagulifera】●蘚類センボンゴケ科 ●サイズ…茎の高さ0.5～1㎝。●生育地…本州～琉球。主に東北以南の低地。日当たりの良い道端、コンクリート上、石垣、ブロック塀や車道脇・線路脇の側壁など。●メモ…コケの中で一番のコンクリート好き。

05

ホンモンジゴケ

寺社仏閣に出没

濃い緑色。一つひとつは小さいが、群落はビロードの絨毯のように美しい。東京・池上本門寺で最初に発見されたのが名前の由来。

神社や寺の銅ぶき屋根の下、銅製の仏像の台座、銅製の灯籠の足元など、銅成分を含む雨水が流れる場所に生える「銅ゴケ」である。ただ、何のために銅のある場所をわざわざ選ぶのかは謎。本人いわく「自分でもよくわからないけど、とりあえず社寺仏閣は大好き」とのこと。趣味は全国のパワースポット巡り。

【ホンモンジゴケ / Scopelophila cataractae】●蘚類センボンゴケ科 ●サイズ…茎の高さ0.5〜1.5㎝。●生育地…本州〜九州。主に関東以西〜四国。社寺仏閣、銅ぶき屋根のある民家の土上。●メモ…蒴をつけることはまれ。

06

フデゴケ

なでなで大好き！

日当たりの良い場所を好む。葉はまっすぐで乾燥しても縮れない。根元は暗い緑色だが、先に向かうに従って明るい黄緑色になり、葉の先端は透明。筆の穂に形が似ている。

　得意技は茎頂部（先端部分の茎と葉）による群落拡大。茎頂部は風に吹かれたり、人になでられたりするだけでピョンピョンと四方八方に飛び散り、それが裸地で新芽を出して成長する。人間が近寄ると、はにかみながら、なでなで待ちをしている。

【フデゴケ / Campylopus umbellatus】●蘚類シッポゴケ科 ●サイズ…茎の高さ1〜6㎝。●生育地…本州〜琉球、小笠原。日当たりの良い、乾いた土や岩上。

07

コツボゴケ

新緑は都会の春の風物詩

明るい緑色。都市でもよく見かける、とても身近なコケ。民家や団地の庭など、人に踏まれにくい場所を選び、大きな群落をつくる。茎は同じ個体でも直立したり、這ったりする。

　早春のコバノチョウチンゴケの新緑を追うように、黄緑色の新芽と壷形の蒴をつける。その色彩は美しく、都会の春の風物詩。ただし、季節を追うごとにモチベーションは低下。晩秋には著しく色あせ、縮れて、やる気ゼロ。人知れず春先にはまた元気が戻っている。

【コツボゴケ / Plagiomnium acutum】●蘚類チョウチンゴケ科 ●サイズ…茎（直立茎）の高さ3～5㎝。●生育地…北海道～琉球。低地～山地の地上、岩上、庭など。

08

コバノチョウチンゴケ

やや乾いた状態。キツネのしっぽに似た形。

古都のはんなりさん

丸みのあるキツネのしっぽのような形。緑色〜暗い緑色。春先にコケの中でもいち早く、黄緑色の新芽とチョウチン形の蒴をつける。

若い芽が出たばかりの姿や、雨上がりに葉が開ききった姿はコツボゴケとよく似るが、コツボゴケがシティー派なのに対し、こちらは古都派。京都や鎌倉など古都の小道の石垣や、苔庭などにとりわけ多く見られる。古都の情緒に彩りを添えるべく、今日もたおやかな表情で観光客を迎える。

【コバノチョウチンゴケ / Trachycystis microphylla】●蘚類チョウチンゴケ科 ●サイズ…茎の高さ2〜3㎝。●生育地…本州〜琉球。主に東北以南。低地の土上、岩上。社寺仏閣の石垣や庭など。●メモ…コツボゴケとの区別は、古い葉を見ると一目瞭然。縮れて黒みを帯びた濃緑色になるのがコツボゴケには無い特徴である。

09

エゾスナゴケ

湿ると星形に。

自称「コケ界のスター」

日当たりの良い土の上に、黄緑色の大きな群落をつくる。

葉は、乾燥時には茎にくっつくようにすぼまっているが、湿ると瞬時に星形に広がり、水の玉をまとったきらびやかな姿へと変身。

タマゴケ（P90）がコケ界のアイドルなのに対し、「自分はコケ界のスター」とライバル心を燃やす。しかし、根は真面目で勤勉。ビルの屋上や壁面の緑化に一役買うなど、しばしば人間界で地道に働く姿が目撃されている。

【エゾスナゴケ（別名：スナゴケ）/ Racomitrium japonicum】 ●蘚類ギボウシゴケ科 ●サイズ…茎の高さ1～3㎝。●生育地…北海道～九州。低地～亜高山帯の日当たりの良い砂質土の土上。●メモ…緑化対策されたビルの他、公園の芝生、サツキの植え込みの間など意外な場所で美しい群落をつくることも。

10

ハイゴケ

乾燥すると暴れん坊

葉は光沢のある黄緑色〜黄褐色。全体的に平べったい。直立せずに地面を這って生えるため「這苔」。属の学名はギリシャ神話の眠りの神「ヒュプノス（Hypnos）」に由来する。

潤っているときは周囲に気を使い、姿勢を低くしてつつましく這っているが、ひとたび乾燥して休眠状態に入ると豹変。クルクルと巻き上がり、まるで暴れているように寝相が悪くなる。そのため、近くに生えることが多い芝生などからは、ひそかに恐れられている。

【ハイゴケ / Hypnum plumaeforme】●蘚類ハイゴケ科 ●サイズ…茎の長さ5〜10㎝。●生育地…北海道〜琉球。低地の日当たりの良い土上、岩上、木の根元など。●メモ…園芸店で苔玉、またはフードパックに詰められて販売も。枕の詰め物に良いかも!?

11

ウマスギゴケ

スギゴケファミリー・長子

大型で、茎は三〇センチに達することも。若い蒴は他のスギゴケと同様に直立するが、古くなるとうなだれるように下を向き、角柱状になる。

スギゴケファミリーの中では、苔庭で大活躍する働き盛りの長男風。大きな群落になって年中無休で庭を彩る姿は、人間のサラリーマン社会とどこか似ている。ちなみに「働いてみたい職場」のベスト1は京都の苔寺（西芳寺）だとか。雌雄異株。社内結婚ならぬ苔庭内結婚も多いという。

【ウマスギゴケ / Polytrichum commune】●蘚類スギゴケ科 ●サイズ…茎の高さ5～30㎝。●生育地…北海道～九州。低地～高山の明るい場所の土上。苔庭、日本庭園。●メモ…とてもよく似たコケにオオスギゴケがあるが、オオスギゴケは蒴の基部（壷の付け根）にこぶ状のでっぱりがないので、区別がつく。

12

コスギゴケ

スギゴケファミリー・次子

葉は不透明な緑色。乾燥すると激しく縮れる。蒴をつけた柄は茎よりも長くて目立つ。蒴を包む帽は白い毛で覆われている。

スギゴケファミリーの中では、どこにでも出没する目立ちたがり屋の次男格。ウマスギゴケのように人の手で植えられたわけでもないのに、いつのまにか庭や校庭の隅っこ、植え込みなどに生えているところを見ると、人間好きのようである。ゼニゴケと共に理科の教科書に登場しているのが自慢。

ウチら教科書に載ってるし
マジかよ!?
コスギゴケ

【コスギゴケ（別名：カギバニワスギゴケ）/ Pogonatum inflexum】●蘚類スギゴケ科 ●サイズ…茎の高さ1～5㎝。●生育地…北海道～九州。低地で日当たりの良い土上や岩上。庭、社寺、道端、土手など。●メモ…帽の白い毛が、毛生え薬ともてはやされた黒歴史がある。

13

ナミガタタチゴケ

スギゴケファミリー・末っ子

コスギゴケとよく似るが、葉は柔らかく透明感のある緑色で、薄くてやや波打った形で区別がつく。蒴を包む帽にも毛がないのが特徴。

スギゴケファミリーの中でも小ぶりで、優しい印象を受けるこのコケは、みんなにかわいがられる末っ子妹タイプ。葉が波形なのも、最近しゃれっ気が出てきてパーマをかけた年頃の女子の風貌を思わせる。街の中でよく見られるコケだが、人に踏まれないような場所を選んで生える、しっかり者でもある。

【ナミガタタチゴケ（別名：タチゴケ）/ Atrichum undulatum】●蘚類スギゴケ科 ●サイズ…茎の高さ4㎝近く。●生育地…北海道〜九州。半日陰の湿った低地。社寺、民家の庭、植え込みなど。●メモ…乾くと見栄えが悪いのが玉にキズ。

14

ホソバオキナゴケ

オジサマ好き女子に人気

針葉樹の根元などに生える。とくにスギを好む。丸い塊状に密生するため、盆栽や苔庭でも重宝される、人に身近なコケである。

白髪に似た白緑色の葉、落ち着いた丸みのあるフォルムが、ダンディーな中年男性の頭髪を思わせる。そのせいかオジサマ好き女子に人気が高い。しかし、このコケの雄株は雌株の数百分の一と極めて小さく、目で確認できるものはほぼ雌株。つまり、「ボーイッシュなおばさま風」のコケといったところか。

お嬢さん、
ホレちゃあ
いけないよ。
アタイは
女だからさ

【ホソバオキナゴケ（別名：ヤマゴケ）/ Leucobryum juniperoideum】● 蘚類シラガゴケ科 ● サイズ…茎の高さ2～3㎝。● 生育地…北海道～琉球、小笠原。低地～山地の針葉樹の根元や腐植土上、苔庭、盆栽。● メモ…スギの植林地に行けば、必ず出会える。

15

サヤゴケ

木の上で井戸端会議!?

木の幹や枝の表面に生えるコケ。濃い鮮やかな緑色。一本一本の茎は直立する。密に集まり、球状の小さな群落をつくる。平たい大きな幹には広がった群落をつくることもある。

大気汚染にとても強く、都会の街路樹などでよく見られるシティー派のコケ。趣味は人間観察で、毎日、通りがかりの人を観察しては、それをネタに盛り上がるのが何よりの楽しみ。天敵は、しばしば木の幹に爪をとぎにやって来る野良猫だという。

【サヤゴケ / Glyphomitrium humillimum】● 蘚類ヒナノハイゴケ科 ● サイズ…茎の高さ0.5～1㎝。● 生育地…北海道～九州。低地の樹幹。都市の街路樹、公園・社寺・庭の樹木など。● メモ…雌雄同株。クリーム色の蒴を頻繁につける。

16

コモチイトゴケ

老木をいたわる毛布

光沢のある緑色〜黄褐色。サヤゴケと同じく大気汚染にとても強いシティー派。茎は樹幹に這って伸び、マットのような群落をつくる。

乾燥すると葉が茎に密着して、糸のように細長く見えるが、潤っていると群落全体はビロード感があり、動物の毛並みに似る。大きな群落は樹幹を広く覆い、まるで毛布のよう。都会の汚れた空気に疲れた樹幹を優しく包み込んでくれる、いたわり上手なコケとして、老木たちにひそかな人気がある。

【コモチイトゴケ / Pylaisiadelpha tenuirostris】●蘚類ナガハシゴケ科 ●サイズ…茎の長さ1〜2㎝。●生育地…北海道〜九州。低地の樹幹、山地の樹幹や倒木上。都市の街路樹、公園・庭の樹木など。●メモ…葉のつけ根部分に短い線形の無性芽を多数つけることから、「子持糸苔」の名がある。

17

ヒジキゴケ

胞子体は茎の脇につき、葉の中に埋もれる。

岩の上のダンサー

白緑色〜黄緑色。日当たりの良い岩上や石垣にやや大きめの群落をつくる。茎は四〜五センチと長く、先が立ち上がる。乾燥すると葉が茎にくっついて、こよりのように見える。

名前の由来は定かになっていないが、海中で揺れるヒジキのように踊るのが大好きな舞踏集団。岩場を舞台に、くねくねと自由奔放にからだをうねらせ前衛的な舞いを踊る。「舞踏集団ヒジキ」として、将来はブロードウェイに立つことも視野に入れているとかいないとか。

【ヒジキゴケ / Hedwigia ciliata】●蘚類ヒジキゴケ科 ●サイズ…茎の長さ4〜5㎝。●生育地…北海道〜九州。日当たりの良い乾いた岩上や石垣の上。●メモ…水を与えられると、すばやく葉を開く。そのスピードはコケの中でもピカイチ！ 霧吹きなどで試してみると面白い。

18

ゼニゴケ

雌株。受精すると実のように黄色い胞子ができる。

カカァ天下のでこぼこカップル

葉状体の上にあるカップ状の無性芽器が穴開き銭に似ているのが名前の由来。雌雄異株。ヤシの木形の背の高い雌器托を持つ雌株ばかりが勢いがあり目立つが、よく見ると、その根元にはクローバー形の背の低い雄器托を持つ雄株が、所在無さげに潜んでいる。

カカァ天下だが相思相愛のカップルで、地面にペッタリくっついて、どんどん繁殖する。無理に引き剥がすと、無性芽が辺りに飛び散り、余計に増えるので注意。

雄株

【ゼニゴケ / Marchantia polymorpha】●苔類ゼニゴケ科 ●サイズ…葉状体の長さ3～10㎝、幅0.7～1.5㎝。●生育地…北海道～九州。庭や花壇、畑、道端など。●メモ…春と秋に雌器托が成熟する。しかし、雌株と雄株がそろった群落は、実はそれほどポピュラーではない。

フタバ・ネゼニゴケ

高々とハートを掲げる独身雌株たち。

独身女子の悲しいハート

ゼニゴケ（P83）とよく似ているが、葉状体は白みがかった緑色で、へりと裏側がしばしば赤紫色を帯びることがある。雌雄異株。

受精に成功し胞子をつけた雌株は、均等に九つに裂けた傘形の雌器托を持つ。一方、受精できないまま成長してしまった独身雌株は、ハート形（二羽）の雌器托をつくる。たまたまそばに雄株がいなかったのか、はたまた理想が高くて、せっかくのご縁も反故にしたのか…。高々と掲げられたハートがどこか悲しい。

【フタバネゼニゴケ / Marchantia paleacea subsp.diptera】● 苔類ゼニゴケ科 ● サイズ…葉状体の長さ3～5㎝。幅 0.6 ～ 1.2㎝。● 生育地…本州～琉球、小笠原。主に関東以西。湿った低地の土上や石垣、市街地の路地など。● メモ…ゼニゴケに似ていて、より普通に見つかるが、葉状体裏側が紫色を帯びるので区別は容易。

20

ミカヅキゼニゴケ

海を渡ってきた帰化ゴケ

他のゼニゴケ類と似ているが、より小型でツヤがあり、なにより無性芽器がカップ形ではなく、三日月形をしているのが最大の特徴。胞子体をつけることは非常にまれで、ほとんど無性芽だけで増える。

実はこのコケ、コケの中でも珍しい帰化植物。故郷は地中海沿岸で、昭和初期に日本に渡って以来、そのまま住みついている。いまでは日本語も堪能。だが、伊・仏・西語など地中海沿岸諸国の言葉で話しかけてあげると、祖国を懐かしがって喜ぶ。

【ミカヅキゼニゴケ / Lunularia cruciata】●苔類ミカヅキゼニゴケ科 ●サイズ…葉状体の長さ2～4㎝。幅0.5～1㎝。●生育地…本州～九州。主に都市部とその近隣。裸地、道路脇、民家の庭など。●メモ…必ず人里近い所にだけ生育するものの、それほど頻繁には見つからない。

21

ケゼニゴケ

葉状体の先端に雌器托と雄器托がつく。

お毛々なコケ①

深緑色～暗い緑色の大型のコケ。雌雄同株（群落や個体によって例外もある）。名前のとおり、植物体全体に白い毛が生えているコケらしからぬ「お毛々なコケ」である。

葉状体の先に円盤形の雌器托と雄器托がつく。やはりいずれも毛があるが、雌は全体が毛で覆われるのに対し、雄は頭部がくぼみ、その部分だけは毛がない、いわゆるザビエル禿げ。昨今の薄毛に悩む人間男性の気持ちは、よくわかるという。

胞子をつけた雌器托

【ケゼニゴケ / Dumortiera hirsuta】●苔類アズマゼニゴケ科 ●サイズ…葉状体の長さ3～15㎝、幅1～2㎝。●生育地…北海道～琉球、小笠原。低地の湿った土上や岩上。●メモ…梅雨から初夏の頃、胞子をつける。葉状体表面は、とても小さなイボが密集してベルベット状になることもある。

22

ジャゴケ

23

ヒメジャゴケ

コケ界のオロチ&小《こ》オロチ

濃い緑色〜浅い緑色。いずれも表面にヘビのうろこのような模様がある大型のコケ。「ヘビみたいで気持ち悪い」「庭の邪魔者」など、人間たちから不当な扱いを受けるも、日々けなげに耐え忍ぶ彼ら。しかし、ジャゴケは人間が見ていないうちに急スピードで成長し、群落を広げてしたり顔という裏の顔がある。

一方、ジャゴケより小さなヒメジャゴケは、一年生なので冬には枯れるが、晩秋に無性芽を飛ばしまくって、日頃のうっぷんを晴らす。

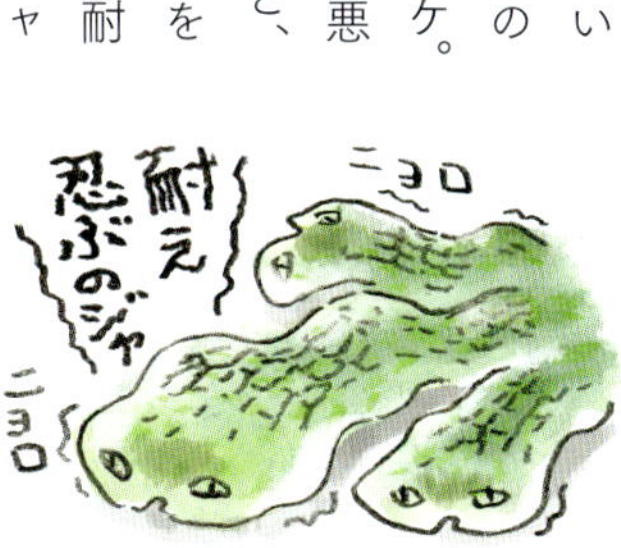

【ジャゴケ / Conocephalum conicum、ヒメジャゴケ / Conocephalum japonicum】
● 共に苔類ジャゴケ科 ● サイズ…(ジャゴケ)葉状体の長さ3〜15㎝、幅1〜2㎝。(ヒメジャゴケ)長さ1〜3㎝、幅0.2〜0.3㎝。● 生育地…共に北海道〜琉球。低地〜亜高山帯の半日陰の湿った土上、岩上。渓谷、庭、社寺仏閣、路地、側溝など。

イチョウ・ウキゴケ

田んぼの小さな応援団

初夏から急速に増え、水田やため池でよく見かけるようになるコケ。コケの中でも水面に浮かんで生きる珍しいタイプ。

名前のとおり形はイチョウの葉のよう。体が半円以上に成長すると二つに分かれて増殖する。水面にイチョウ模様が幾何学的に広がる様子は、アジア某国のマスゲームを見ているように壮観。「私たちが田んぼを彩ることで、少しでも日本の稲作が活気づけば！」と陰ながら日本の農業にエールを送るコケである。

【イチョウウキゴケ / Ricciocarpos natans】●苔類ウキゴケ科 ●サイズ…葉状体の長さ1～1.5㎝、幅0.4～0.8㎝。●生育地…全国の田んぼ、池、沼の水面にウキクサなどと一緒に浮遊。●メモ…普段は緑色だが、秋には赤紫色を帯びる。また、雌雄同株で胞子は夏から晩秋に成熟するが、胞子体をつくることは非常にまれ。見つけたら大発見かも。

25

カヅノゴケ

アクアリウム界で活躍中

コケなのに水中で生きるコケ界の異端児。規則的に二股に枝分かれした形が鹿の角に似ていることから「鹿角苔」の名がある。

昔は池や水田でよく見られたが、近年は生育地が激減。しかし、あるときからアクアリウムの世界で「リシア」という名の水草として、まさかの再デビュー。光合成を盛んに行うと多数できる美しい酸素の気泡で人の目を楽しませたり、熱帯魚の産卵場所になったりと、現在は水槽内でその実力を発揮している。

【カヅノゴケ（別名：ウキゴケ / Riccia fluitans）】●苔類ウキゴケ科 ●サイズ…葉状体の長さ1～5㎝、幅 0.05 ～ 0.2㎝。●生育地…本州～九州。主に関東以西。湧水のある池・水田・水路の水中、または湿地や水田の土上。アクアリウム専門店など。

26 タマゴケ

二面性のあるアイドル

葉は明るく黄みがかった緑色。株全体が半球状で、まん丸い蒴がたくさんついた姿は、まるで緑の針山。かわいらしく、天真爛漫で、誰にでも好かれるコケ界のアイドル的存在。手触りも、もこもこと柔らかく気持ちいい。

ただし蒴をよく見ると、中心の赤褐色の蒴歯が「目玉おやじ」を連想させ、やや不気味。また、乾燥してストレスがたまると葉が激しく縮れ、うらぶれた姿に変貌。見つけたら「かわいいよ」と話しかけ、水分を与えると機嫌が直る。

【タマゴケ / Bartramia pomiformis】●蘚類タマゴケ科 ●サイズ…茎の高さ4～5㎝。まれに約10㎝。●生育地…北海道～九州。山道の斜面、沢沿いの湿った土や岩上。●メモ…早春の山道では、浅緑色の丸い蒴と葉がよく目立ち、春がもう間近なことを告げてくれる。

27

キヨスミイトゴケ

風まかせの樹上生活

木に付着して、樹枝から糸状に垂れ下がる。黄緑色で葉には光沢があり、繊細ながら、大きな群落はシルクのカーテンのよう。自然の豊かな、湿度の高い沢沿いでよく見られる。

枝から優雅に垂れ下がり、世の中を俯瞰で眺めるピースフルなコケ。そんな自然体な生き方にあやかりたいと、周囲の草木がよく悩み相談に訪れる。ただし風に吹かれれば、話の途中でもその場から立ち去ってしまうのはご愛嬌。座右の銘は「明日は明日の風が吹く」。

【キヨスミイトゴケ / Barbella flagellifera】●蘚類ハイヒモゴケ科 ●サイズ…茎の長さ約 10 ～ 15㎝。時には数十㎝に達することも。●生育地…本州～琉球、小笠原。主に東北以南。沢沿いの高湿度な半日陰地の木の樹枝、樹幹。●メモ…よく似たコケにイトゴケがあるが、イトゴケの方がより繊細な植物体をしている。

エビゴケ

春に現れる陸のエビ

岩場の壁面に垂れ下がるように生え、薄緑色の大きな群落をつくる。毛のように伸びた葉先はエビの触角、さらに春に卵形で褐色の蒴がつくと、それがエビの目のように見える。

「エビちゃん」の愛称で人間から親しまれて嬉しい反面、「日本人はエビ好き」という情報を聞きつけ、間違えて食べられやしまいかと、やや疑心暗鬼になっている今日この頃。このコケの前では、エビフライやエビチリなどエビ料理の名前を口にするのは控えよう。

ワシャ
ワシャ
エビに似てるって言われてもねえ…
まさかとって食べたりしないわよねえ…
ヤダー最悪〜

【エビゴケ / Bryoxiphium norvegicum】●蘚類エビゴケ科 ●サイズ…茎の長さ1〜5㎝。●生育地…北海道〜九州。低地〜高山の湿り気のある岩壁、とりわけ火山岩でできた壁面を好む。●メモ…岩面にしっかりと付着している上に、人間への疑心もあってか、指でつまもうとしてもなかなかうまく採れない。

29

ネズミノオゴケ

ネズミの大群がかくれんぼ!?

光沢のある緑色〜黄緑色。先細く伸びる茎に丸い葉が重なり合うようにつき、細い円錐状をなす独特の形は、数あるコケの中でも見分けやすい。この形がネズミのしっぽに似ていることが名前の由来である。

群落は、まるでネズミの大群が、頭隠して尻隠さずの状態でかくれんぼをしているように見えて、何ともほほえましい。しかし時々、まぬけなネコが本当にネズミと見間違えて奇襲をかけてくるため、それが彼らの目下の悩みという。

【ネズミノオゴケ / Myuroclada maximoviczii】●蘚類アオギヌゴケ科 ●サイズ…枝の長さ2〜4㎝。●生育地…北海道〜九州。半日陰〜日陰の湿った地上、岩上、木の根元。●メモ…田んぼの用水路のコンクリート壁などに、大きな群落をつくっていることがある。

30

ヒノキゴケ

ふわふわハニーフェイスに まさかの男気

葉は黄緑色〜深緑色。イタチのしっぽのような形をした大型のコケ。光沢があり、丸みを帯びたとても美しい群落をつくる。

さらに、茎に細くて柔らかな針状の葉をたくさんつけるため、ふわふわと柔らかく最高の手触り。しかし見た目とは裏腹に性格はとても硬派。しばしば苔庭へのオファーもあるが、「自分、不器用ですから」と頑として山から出たがらない。この歯がゆいくらい実直な性格に惚れこむのは、コケ好きの中でもとりわけ男性が多いという。

【ヒノキゴケ（別名：イタチノシッポ）/ Pyrrhobryum dozyanum】●蘚類ヒノキゴケ科 ●サイズ…茎の長さ5〜10㎝。●生育地…本州〜琉球。山地の林の中の腐植土上に群生。●メモ…街なかで育てようとすると茶色くなってまず枯れる。京都の苔庭などでなら見ることができる。

31

ヒカリゴケ

光り輝くシャイな赤ちゃん

「光るコケ」として有名だが、正確には「光って見えるコケ」。コケの赤ちゃん・原糸体の所々に円盤状の細胞が固まった部分があり、光が当たるとレンズのように反射して光って見える。なお、葉をつけた成体は光って見えない。

元来シャイな性格で物陰を好む。光を反射するのも薄暗い場所で有効に光を集めるための処世術なのだが、それがかえって目立ち、国の天然記念物にも指定されるはめに。見物人に覗き込まれるたび、恥ずかしがっている。

【ヒカリゴケ / Schistostega pennata】● 蘚類ヒカリゴケ科 ● サイズ…茎の長さ0.7～0.8㎝。原糸体はその周囲の土の表面に薄く広がる。● 生育地…北海道～本州（中部地方以北）。低地～亜高山帯。洞窟の中や石垣の隙間などの薄暗く湿った土上。● メモ…原糸体は一年中生えるが、晴れていないとその輝きは見られない。

32

オオミズゴケ

女優もうらやむ潤い肌

明るい緑色〜白緑色。大型でコケらしからぬ堂々とした風貌。指で強めに握るとジュワッと水がしみ出てくるほど、人間界の大物女優たちも顔負けの潤い肌の持ち主。みずみずしさの理由は、葉や茎に穴の開いた袋状の細胞がたくさんあり、そこにスポンジのように多量の水を吸い込むことができるから。

とはいえ、その恵まれた美貌にあぐらをかかず、他の植物が住めない酸性の土壌にも、着々と群落を広げる、やり手のコケでもある。

【オオミズゴケ / Sphagnum palustre】●蘚類ミズゴケ科 ●サイズ…茎の高さ10㎝以上。●生育地…北海道〜九州。湿原や、山地の湿った地上など。●メモ…雌雄異株で蒴をつけることはまれ。ミズゴケ属は日本に35種が知られているが、低地の湿地で出会うのはオオミズゴケの場合がほとんど。

33

コウヤノマンネングサ

草なのか？ コケなのか？

コケとは思えぬほどの大きさと枝ぶりで、まるで小さな樹木のよう。多くの個体が集まり群落を成しているように見えるが、土から引き上げると、実は一本の地下茎で繋がっている。

約二〇〇年前、和歌山県・高野山での発見時にコケの概念が明瞭でなく、また地元では高野山の霊草とされていたため、「高野の万年草」と名前に草がつく。とはいえ所詮は人間がつけた名前、本人は自分がコケか草かには、みじんもこだわらない、寛大な性格である。

コケでも
草でも
いい
じゃない
同じ
生きもの
だもの
でかっ

【コウヤノマンネングサ（別名：コウヤノマンネンゴケ）/ Climacium japonicum】●蘚類コウヤノマンネングサ科 ●サイズ…地上茎の高さ5〜10㎝。●生育地…北海道〜九州。低山地の半日陰の湿った土上。最近では盆栽や、水中でも生きられるためアクアリウムとして販売もされている。●メモ…蒴はめったにつけない。

ケチョウチンゴケ

葉のアップ

お毛々なコケ②

緑色〜暗い緑色。茎の先にうちわのような形の葉をつける。仮根が茎の上部にまで生え、しばしば葉の上まで達する。その様子はまるで緑の花から毛が生えているようで、初対面で受ける衝撃は大きい。

大人になるほど毛深くなるのは人間もコケも同じで、葉の上にまだお毛々のない植物体は若造の証拠。仮根の先につく無性芽が飛ばせるようになってはじめて、一人前の大人として周囲に認められるという。

あれ？もしかしてお前まだ生えてねーの？
モジャ
モジャ
う、うるせーな
モジ
モジ

【ケチョウチンゴケ / Rhizomnium tuomikoskii】●蘚類チョウチンゴケ科 ●サイズ…茎の高さ1〜3㎝。●生育地…北海道〜九州。沢沿いの半日陰地の湿った岩上や倒木の上。●メモ…雌雄異株。ルーペで葉を観察すると、六角形をした一つひとつの細胞がはっきりと見えて面白い。

35

オオシラガゴケ

白ひげの仙人風

葉は厚く光沢のない白緑色。中央部だけに葉緑体があり、その周囲は透明細胞のため、白っぽく見える。群落はまばらながら、大型なので単体でもかなり目立つ。茎が伸びてくると地を這うような姿になる。

山に生育し、さらに全身が白いひげのような葉で覆われているため、その姿はまるで仙人のよう。しかし、そのいかめしい風貌とは裏腹に、通りすがりの登山者たちの山行をいつも心配そうに見守る心優しいコケである。

【オオシラガゴケ / Leucobryum scabrum】● 蘚類シラガゴケ科 ● サイズ…茎の高さ5㎝以上。● 生育地…本州～琉球。湿り気のある山の斜面や岩上、木の根元。● メモ…密な群落をつくらないため、同じ属のホソバオキナゴケのように園芸に利用されることは少ない。

トヤマシノブゴケ

シダ似の美人ゴケ

不透明な緑色〜黄緑色の大型のコケ。シダ植物を小型にしたような形が特徴で、名前の由来もシノブ（シダの一種）からきている。半日陰地に匍匐して大きな群落をつくる。

長くすらりと伸びた茎、繊細な葉を密につけた美しいプロポーションが自慢の自称「コケ界の美容番長」。全国のいろんな場所に広く出没し、活躍する。ただし、少しの乾燥ですぐみすぼらしくなってしまうのが弱点。色あせてカサカサになり、美人度が一気に下がる。

【トヤマシノブゴケ（別名：アソシノブゴケ）/ Thuidium kanedae】 ●蘚類シノブゴケ科 ●サイズ…茎の長さ15㎝前後。●生育地…北海道〜琉球。低地〜亜高山帯の半日陰地の土上、岩上、樹幹など。●メモ…妹分はヒメシノブゴケ。形はそっくりだが、より水気の多い水辺などを好む。

37

イワダレゴケ

一年ごとにステップアップ！

光沢のある、オリーブがかった黄緑色〜明るい黄緑色。茎は赤褐色。羽のように葉を広げて重なり合うように生える大型のコケ。色・形が特徴的で、深山の林床に大きな群落をつくるため、山歩き中に見つけやすい。

主となる茎の途中から一年に一つずつ新芽が出て、それが次の主となる茎となり、階段状に成長していく。「規則正しく美しく」が本コケのモットー。堅実な成長ぶりをほめてあげると喜ぶ。

これで3年分。

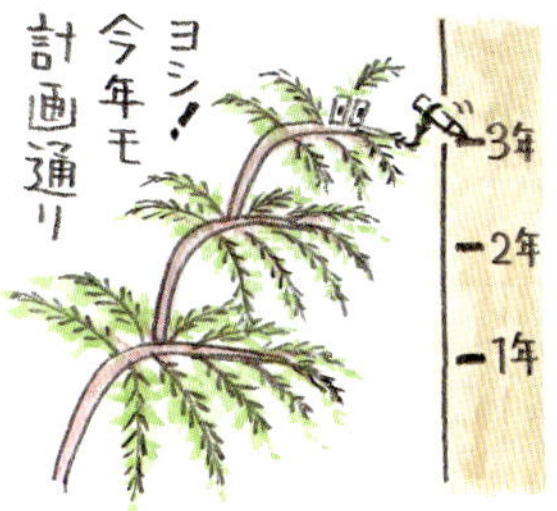
ヨシ！
今年モ
計画通り
3年
2年
1年

【イワダレゴケ / Hylocomium splendens】● 蘚類イワダレゴケ科 ● サイズ…茎の高さ約3㎝〜。20㎝以上になることも。● 生育地…北海道〜九州。亜高山帯。とくに針葉樹林の林床や岩上、倒木の上など。● メモ…針葉樹林帯の林床を埋め尽くすように、非常に大きな群落をつくることがある。

38

セイタカスギゴケ

39

コセイタカスギゴケ

スギゴケファミリー・父&母

セイタカスギゴケは日本最大のスギゴケ。胸を張って天高く伸びる姿は、男性的で頼れる父親のような貫禄がある。されど、コケはコケ。「杉苔」の由来でもあるスギの幼木とサイズが似ているため、人間にはしばしば見間違えられ、内心プライドが傷つくことも…。

一方、コセイタカスギゴケは斜面に沿って斜め下向きに倒れるように生える。その姿は三歩下がって夫を立てる貞淑な妻風。また、子どもの帰りを首を長くして待つ母のようにも見える。

カワイイ~スギの赤ちゃんよ♡
あ、赤ちゃんだと!?
赤ちゃんの嫁でございます

【セイタカスギゴケ / Pogonatum japonicum、コセイタカスギゴケ / Pogonatum contortum】●共に蘚類スギゴケ科 ●サイズ…（セイタカスギゴケ）茎の高さ8～20㎝以上。（コセイタカスギゴケ）茎の高さ4～10㎝。●生育地…共に北海道～九州。亜高山帯・針葉樹林の林床の日陰地の湿った土上。

40

オヤコゴケ

葉の先端には無性芽がつく。

親子の愛を葉で表現

淡緑色が美しいコケ。葉はやや厚みがあり、形がユニーク。ルーペで見ると一枚の葉が茎を軸に非対称に折れ、大きい方が小さい方を抱くように重なっているのがわかる。それを親子の姿に見立てたのが名前の由来である。

人間界では最近、親子関係が希薄になりつつあると知り、自分の葉の形を見てもらって、親子愛を思い出してほしいと切に願う愛にあふれたコケ。見つけたら、本当に親子の仲が良くなったというウワサがあるとかないとか。

【オヤコゴケ / Lophozia cornuta】●苔類ツボミゴケ科 ●サイズ…茎の長さ約1㎝。●生育地…北海道～九州。やや高い山地の朽木上、岩上など。 ●メモ…親子つながりで、ヒシャクゴケ科のコオイゴケの仲間には、親が子を背負ったような葉で、親子愛をアピールするものもいる。

カビゴケ

カビ嫌いのかくれんぼう

かなり小型。明るい黄緑色〜淡い緑色。常緑樹やシダなどの生きた葉の表面にへばりつき、一生を過ごすという特殊なコケである。

　姿や名前からカビと間違われ、敬遠されがちだが、実は本人こそが大のカビ嫌い。抗カビ作用があるハッカに似た強いにおいを体内から発してカビ対策を図っている。また遊びが大好きで、この姿はかくれんぼう好きが高じた渾身のカムフラージュ。いつ自分を見つけてもらえるか、いつもドキドキしながら待っている。

【カビゴケ / Leptolejeunea elliptica】●苔類クサリゴケ科 ●サイズ…茎の長さ0.5〜1cm。●生育地…本州（福島県以南）〜琉球。湿度・温度が高い渓谷などの日陰地の常緑低木やシダの生葉上。●メモ…菌類などとは異なり、葉面に乗っているだけなので、宿主に害をもたらすことはない。

42

ムチゴケ

下からのぞいてビックリ。鞭を持ったドSな女王様!?

深緑色〜オリーブがかった緑色。Y字に茎を伸ばし、左右規則正しく二列の葉を広げる大型のコケ。岩や樹幹に垂れ下がるような群落をつくることが多い。

一見するとわからないが、実は下からのぞくと茎の下には鞭のような細長い枝を何本も隠し持っている。本人はSMに興味はないのだが、意図せず雨や風で鞭がしなるたびに、通りがかりの虫たちが恐れおののくため、ちょっと申し訳ないと思っている。

【ムチゴケ / Bazzania pompeana】●苔類ムチゴケ科 ●サイズ…茎の長さ数cm〜。12cmに達することも。●生育地…本州〜琉球。低山地の日当たりの悪い林床、岩上、樹幹上、道端など。●メモ…下向きに伸びる鞭状の枝（鞭枝）には小さい葉があり、確かに枝が変形したものだとわかる。ムチゴケ科のコケには、すべての種にこの鞭枝が見られる。

フォーリースギバゴケ

水玉模様の美しいレース

黄緑色で、ふんわりとした大きな群落をつくる。枝ばかりのようだが、ルーペで見ると、とても小さな葉が点々とついている。名前は、このコケを発見したフランス人のアーバン・フォーリー氏にちなむ。

繊細で優雅な姿はコケ界でも指折りの美しさ。水滴を滴らせた姿はまるで水玉模様のレースのようである。とくに屋久島の森には欠かせないムードメーカーで、森の幻想的な雰囲気を演出するべく日夜群落を広げている。

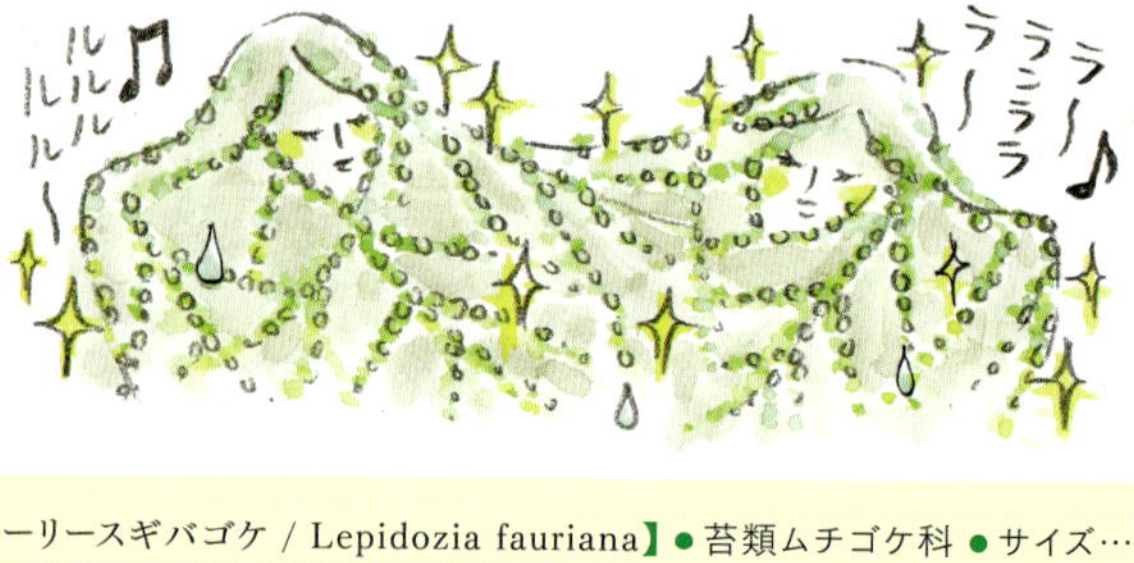

【フォーリースギバゴケ / Lepidozia fauriana】●苔類ムチゴケ科 ●サイズ…茎は時に10㎝を超えて伸びることがある。●生育地…南九州、琉球。日当たりの悪い湿った岩、倒木、腐植土上。●メモ…日本産スギバゴケ属6種の中で、本種が最も大きくなる。ムチゴケ科の仲間なので、よく発達した鞭枝を持っている。

44

コマチゴケ

雌株の群落。

雄株

可憐といえど原始的なボディ

淡い緑色〜灰緑色。しっかりとした形状の葉があるので蘚類と間違われやすいが、苔類。可憐なたたずまいが、平安時代の女流歌人・小野小町に例えられて、その名がある。

雌雄異株。雌株の造卵器（茎の先端部分）と雄株の造精器（花のような形の中心部分）に何も覆いがなくむき出しになっている、仮根がないなど、コケの中でもとりわけからだの構造が原始的。もうそろそろ次の進化を考える今日この頃である。

私たち、いつまでもこんなむきだしのままじゃダメだと思うの…
空気も汚れてきたしな…

【コマチゴケ / Haplomitrium mnioides】●苔類コマチゴケ科 ●サイズ…茎の高さ約2〜3㎝。●生育地…本州〜琉球。関東以西の低地に多く見られる。日陰にある沢沿いの湿った地面、岩上、倒木の上など。●メモ…屋久島の白谷雲水峡では、道沿いの水の滴る崖にとても大きな群落をつくっている。

45

ムクムクゴケ

かわいく無邪気な甘えん坊

白緑色〜緑褐色。主に山地で見られるコケ。名前の通り、先端が丸く、ぬいぐるみの手のようにムクムクしている。その理由は、細かく糸状に裂けた葉が枝に密生しているから。ルーペで見るとその様子が確認できる。

コケとは思えないその風貌にファンは多い。人間からかわいがられてきたせいか、性格は甘えん坊。甘えが高じて、しばしば他のコケの上に乗って無邪気に大きな群落をつくるため、周囲のコケは正直、迷惑がっている。

やや乾いていると毛羽立っているのがよくわかる。

【ムクムクゴケ / Trichocolea tomentella】●苔類ムクムクゴケ科 ●サイズ…茎の高さ約2〜5㎝。●生育地…本州〜琉球。低地〜亜高山帯の地面や倒木の上、岩上。他のコケの上に生えることも。●メモ…学名も「毛だらけ」の意味。もう少し葉の切れ込みが浅いイヌムクムクゴケというよく似た種類と、隣り合って生育していることがある。

46

ヤクシマゴケ

紅色は酒呑みの証拠!?

東南アジア～東アジアに分布するコケで、日本では屋久島だけに見られる。茎は岩面から斜めに伸びる。葉が紅色なのは紫外線から身を守るための対策で、環境によっては暗紫色を帯びたり、逆に変色せず黄緑色だったりする。

南国育ちのせいか、おしゃべりなご陽気者。いつも楽しげな様子に、周囲から「紫外線対策じゃなくて、三岳（屋久島名産の芋焼酎）の呑みすぎで赤ら顔なだけなんじゃないか」という疑惑を持たれている。

【ヤクシマゴケ / Isotachis japonica】●苔類ヤクシマゴケ科 ●サイズ…茎の長さ2～6㎝。●生育地…鹿児島県屋久島。日当たりの良い林道沿いの水の滴り落ちる崖地、あるいは湿地の縁や沢沿いなど。●メモ…ルーペで見ると、葉の縁にはギザギザの鋭い歯があるのがわかる。

47 マルダイゴケ

48 オオツボゴケ

ハエを操る妖艶な糞ゴケ

いずれも動物の糞の上に生える大変珍しいコケ。通称「糞ゴケ」。蒴柄は赤黄色、蒴は壷形で熟すと赤褐色や薄紫色を帯びて美しい。

得意技はハエを使った手堅い胞子散布。美しい容姿と蒴から出る特別なにおいでハエをおびきよせ、ハエのからだに胞子を付着させて胞子を運ばせる。ハエが新たな糞に着地すれば、自動的に胞子は次のすみかを得る仕組み。賑やかな人間界を嫌い、寒冷地や高山に生きるが、糞を提供してくれる人には心を開く。

【マルダイゴケ / Tetraplodon mnioides、オオツボゴケ / Splachnum ampullaceum】

●共に蘚類オオツボゴケ科 ●サイズ…共に茎の高さ約3～4㎝。●生育地…共に北海道、本州。マルダイゴケは高山の動物の糞や死骸上。オオツボゴケは寒冷地の湿地にある動物の糞上。●メモ…マルダイゴケは、山小屋の近くを探すとよく見つかる。

49

シモフリゴケ

高山の先駆者

葉先は葉緑体がないため白色～灰色、まるで地面に霜が降りたように見えることからその名がある。高山の裸地や溶岩のような乾燥が著しく、植物が育ちにくい場所でも先駆者となっていち早く群落を広げていく、大柄でたくましいコケ。親戚にエゾスナゴケ（P74）がいる。

　とはいえ活動は雨が降ったときくらいで、普段はほとんど何もせず、ぐっすり寝ている。よく耳をすましていると、時々このコケのいびきが風に乗って聞こえてくるという。

【シモフリゴケ / Racomitrium lanuginosum】●蘚類ギボウシゴケ科 ●サイズ…茎の高さは長いもので約10㎝。●生育地…北海道～九州。亜高山帯～高山帯の日当たりの良い土上、腐植土上、岩上、溶岩上。●メモ…乾燥すると、葉先の長くて白いトゲが植物体全体を覆い、強い日差しから身を守る。

50

ハリスギゴケ

高山に咲いた真っ赤な花

シモフリゴケと同じく高山に生えるコケ。富士山では、森林限界より上の日当たりの良い裸地によく見られる。スギゴケファミリー（P76～78、P102）は親戚。

警戒心がとても強く、岩陰に身を潜めるようにまばらな群落をつくる。また、からだをやや赤褐色にして溶岩に擬態したり、葉先に透明～白色の硬い針状の毛をつけたりの工夫も。しかし、真っ赤な雄株の雄花盤が何より目立っていることに、本人たちはまだ気づいていない。

【ハリスギゴケ / Polytrichum piliferum】●蘚類スギゴケ科 ●サイズ…茎の高さ約2～3㎝。●生育地…北海道、本州。高山の日当たりの良い岩上や砂上。●メモ…シモフリゴケ（P111）と同様、葉先のトゲが強い日差しから身を守る上で大いに役立っている。

コケの周りで十人十色

日本のコケ約一七〇〇種のうち、たった五〇種を見ただけでも、その個性豊かな面々に驚かれたのではないだろうか。

コケの多彩な顔ぶれはずっと見ていても飽きないが、コケに魅了され、コケの周りに集まる人々というのもまた、なかなかその動向はユニークである。ここでは、ごく一部ではあるが、私の知っているコケな人々について紹介したい。

コケ好きたちが集まる場として、日本には「日本蘚苔類学会」と「岡山コケの会」という二つの大きなコケの専門機関がある。主な活動内容としては、日本蘚苔類学会では学会誌の発行と年に一度の大会が開かれ、岡山コケの会では会報誌の発行に加えてコケ観察会や情報交換会などより気軽に参加できるイベントが開かれている。どちらもコケの研究者、愛好家たちが所属しているのはもちろんのこと、コケに詳しくなくてもコケが好きであれば誰でも入会することができる。両方の会に所属している人もけっこういる。

岡山コケの会は、その名の通り本部は岡山県にあるのだが、関東にも支部がある。入会前に一度、お試しで春のコケ観察会へ参加させてもらったことがある。他の植物観察会がどんなふうに行われているのか知らないが、初めてのコケ観察会で目にしたインパクトのある光景はいまでも忘れられない。

そのときは、奥多摩にある神戸岩《かのといわ》（渓谷の巨大な岩壁。東京都指定天然記念物）でコケ観察をするのが目的の会だった。コケの研究者の先生を先頭に、二〇人ほどの参加者が各自ルーペを持って先生の後をついていく。普通、目的地までの道中というのは、ただ歩くだけの通過点のはずである。しかし、私たちの相手は、どこにでも、そしてどんな隙間にでも生えるコケ。誰が合図するわけでもなく、山道へ一歩踏み出したその瞬間からコケ探しが始まった。誰もがコケセンサーをつけ、うつむいて歩く。そしてコケと目が合った人から、その場でうずくまり、またはひざまずき、なかなか動かなくなってしまう。コケ観察会と称しながら、個人個人がコケとの対話に余念がなく、集団行動は乱れまくり。ほとんど「会」として成立していない。もちろん、先生も、会の事務局の方も全員がコケ好きなので、参加者たちの自由行動を制したりはせず、自らも積極的に地面や壁面にべったりと張り付いてコケを眺めている始末……。

案の定、最初に配られたタイムスケジュールから大幅に予定が遅れ、最後はとうとう競歩のような足並みで、どうにか目的地に到着。すぐに昼食時間となった。

昼食の間もコケ好きたちは、コケ話で盛り上がる。初対面同士でも、どんなコケが好きか、最近お気に入りのコケスポットはどこか、家で育てているコケについてなど、コケの話題があちこちで飛び交う。むしろ、普段、周りにコケ好きがいないので、思う存分コケの話ができる絶好のチャンスなのだろう。当時の私はまだコケのことについて右も左もわからず、ルーペの使い方もおぼつかないような状態だったのだが、そんな新参者にも、コケな諸先輩方はとても優しかった。知識をひけらかしたり、自慢したりすることもなく、それこそコケのごとくごく控えめに、しかしとても丁寧に私にコケのことをいろいろと教えてくださった。その後もコケの研究者、アマチュアの方々とはたびたび顔を合わせるが、コケに愛情を注いでいる人というのは、とにかく穏やかで親切な人が多い。コケ好きに悪い人はいないと私は確信している。

そんな衝撃のコケ観察会で私はコケな人々にも心惹かれ、その後、両方の会に入会することにした。いまでは観察会で知り合った同世代の人々とコケ友となり、個別に集まってプチ観察会や情報交換会を開いたりもしている。研究者のNさんはコケの情報通。とくにホンモンジゴケについて語らせたら熱い。全国各地に「オレだけが知るホンモンジゴケスポット」を持っていて、プチ観察会も彼にコース提案をお任せすることが多い。Hさんは種類の見分けにはこだわらず、とにかく触り心地の良いコケが好きというマニア。コケを見つけたらルーペよりも先にその触り心地をまず確かめて、悦に入った表情を浮かべている。Yさんは、アーティスティックな視点の持ち主。自宅で同居している苔玉を干支の動物に見立てて撮影し、年賀状をつくったり、コケを漉き入れたコケ紙をつくったり、コケ入りアクセサリーをつくったりと、いろんなオリジナルのコケグッズが出てきていつも驚かされる。

同じコケ好きとはいえ、どういうふうに好きかは本当に人それぞれで。コケを好きな人の数だけ好きのかたちがあり、その人なりの色がある。まさにコケの周りで十人十色。そして、その輪の中心にいる当のコケたちは、いたって悠々と「どうぞ、みんな自由にやってくださいナ」と言ってくれているような気がする。何といっても、コケがこの地球で生きてきた時間の長さは人間のそれとはケタが違うのだ。きっとどっしり構えて、笑ってくれているに違いない。

ここまでこの本を読んでくれたあなたも、もういつでもコケとともだちになれるはずだ。さぁ、コケセンサーをつけて、いまこそうつむこう!

道中で現れたコケの壁面。こうなると近寄らずにはいられない。

それぞれにコケを探したり、ルーペでのぞいたり。コケに似てとてもマイペースなコケな人々。

道ばたにかわいいコケ発見！
思わず寝そべって激写する人も。

日本蘚苔類学会、岡山コケの会についての詳細は公式ホームページへ。

●日本蘚苔類学会　http://bryosoc.org/index/
●岡山コケの会　http://okamoss.main.jp/

あの日、あなたに会ってから

季節はめぐり、また春がやってきた。

ベランダでコケと出会ってから二年。コケに初めて話しかけられたときは驚いたが、いまではすっかりコケとともだちになった私。わが家では、二つの鉢植えのコケ、そして昨年新しい苔玉を迎え、いまは三種のコケと仲良く同居している。

それだけじゃない。毎朝、通勤途中に見かける道ばたや街路樹のコケ、電車の窓から見える石垣に巨大群落をつくっているコケ、会社の屋上に緑化対策で敷き詰められたコケも、いまではみんなともだちだ。

「あの日、あなたに会ってからというもの、すっかりコケの世界にはまっちゃったんだよ、私。いまやあなたたちのその変わった性

格も愛おしく思えるし、種類の見分けも少しはつく。そして何より、こんなに小さくて目立たないあなたたちこそが、人間に自然の偉大さを教えてくれる一番身近な存在なんだってことに気づけた。ありがとね」

ジョウロで水を与えながら、私はあのコケに話しかけた。すると、いまや鉢からこぼれ落ちそうなほど大きく成長を遂げた群落は、朝の光と水滴を葉にまとわせてキラキラと輝いた。まるでいまにも上機嫌でしゃべり出しそうなくらいの美しさだ。見とれるうちに、思わず私は感嘆の声をもらした。

「あぁ。やっぱりコケは本当にかわいいなぁ！」

そのとき、

「コケがどうしましたって？」

という声が聞こえてきた。何!?　いまのはコケの声!?

慌てて声のするほうへ振り返ると、私とおない年くらいの見知らぬ男性が隣のベランダからにゅっと顔をのぞかせている。

「あの、あなたは……」

そしてまた出会ってしまった

「すみません。いきなりのぞいたりして。コケって単語が聞こえたもんですから。僕は昨日、隣に引っ越してきた者です。苔ノ森といいます」

「こ、こけのもり、さんですか!?」

「友人からはコケって呼ばれています。だからつい、僕のことを呼ばれたのかと」

「あの、私が話しかけていたのは植物のコケのほうで……」

「えっ、コケにですか!? 変わってますねぇ」

苔ノ森さんは一瞬、目を丸くして、そして私の脇にいるコケにちらりと目をやった。

「あ、はい。これがそのコケでして。地味ですけど意外とかわいいんですよ」

鉢を差し出すと、苔ノ森さんはコケをまじまじと眺めた。そして

眺めたきり、何も言わない。しばしの沈黙……。

「ハ、ハハ。独身女子が休日の朝からコケコケって。渋すぎますよね。ハ、ハハ……」

気まずくなった私は、つい言わなくていいことまで口走ってしまい、苦笑い。すると、

「いや。僕、こないだまで仕事でイギリスに暮らしていたんですけど、イギリス人たちもけっこうコケが好きでね。古城の壁やお墓に生えたコケなんかを愛でる人がいっぱいいたんですよ。だから僕もコケには興味があって。何たって、名前も苔ノ森ですしね」

と言って、彼はコケを指で優しくなで始めたではないか。も、もしかして、この人と私気が合うかも!?

「あの、もし良かったらですけど、今度の日曜にコケ好きの仲間たちとコケの観察会をするんです。一緒に行ってみませんか?」

気づいたら、私は思いもよらない言葉を口走っていた。苔ノ森さんは、また一瞬目を丸くしたが、すぐににっこりと笑ってうなずいた。

この本に出てくる用語の解説（五十音順）

【仮根（かこん）】 土、岩、樹幹などに張りつくための毛のようなもの。維管束植物の根とは異なり、水や養分を積極的に吸い上げる役割はない。

【原糸体（げんしたい）】 胞子が発芽してできる多細胞で、糸状や塊状のもの。コケの赤ちゃん。原糸体上にできる芽が成長すると、茎や葉を持った配偶体となる。

【蒴（さく）】 胞子体の先端にある胞子が入っている部分。壺のような形をしていることが多い。胞子嚢（ほうしのう）ともいう。一つの蒴の中の胞子の数は種類によって非常にばらつきがあり、数十個から数百万個までさまざま。

【蒴歯（さくし）】 胞子の散布量と散布タイミングを調節する器官。蒴の開口部を縁取る櫛の歯のような形のもので、蒴の蓋が外れたときに現れる。種類により配列が一重のものと、二重のものがある。蘚類のみにある。苔類では蒴の壁が裂けて胞子が外に出る。

【蒴柄（さくへい）】 胞子体の一部分で、蒴の下にあって蒴を地上から高く持ち上げて胞子をうまく風に乗せる手助けをする柄。長さは種類によってさまざま。色も緑色だったり赤褐色だったりする。

【雌器托（しきたく）】 ゼニゴケやジャゴケの雌株が造卵器をつける際につくる、柄を持ち先端が傘状に広がる器官。雌器床（しきしょう）ともいう。雄株がつくる雄器托（ゆうきたく）よりもノッポで目立つ。俳句では「苔の花」とも。

【雌雄異株（しゆういしゅ）】 造卵器と造精器がそれぞれ別の個体にあること。雄株と雌株があること。

【雌雄同株（しゆうどうしゅ）】 造卵器と造精器が同一の個体にあること。

【造精器（ぞうせいき）】 雄の生殖器官。精子がつくられる。

【造卵器（ぞうらんき）】 雌の生殖器官。卵子がつくられる。

【配偶体（はいぐうたい）】 生殖器官を備えた植物体のこと。コケの本体。胞子が発芽すると原糸体ができ、その原糸体の上に生じる芽が成長して配偶体となる。配偶体は茎、葉、仮根からなり、造卵器または造精器ができる。

【蓋（ふた）】 蘚類の蒴の先端にあり、蒴が成熟するまで壺の口部分をふさいで、中の胞子が出るのを抑える働きがある。

【鞭枝（べんし）】 仮根や無性芽をつける鞭状・棒状の枝。

【帽（ぼう）】 胞子をつくる蒴がまだ若くて傷つき乾燥しやすいときに、外側をすっぽり覆って守る帽子のようなもの。蘚帽（せんぼう）ともいう。つまんで引っ張ると簡単に外れる。

【胞子（ほうし）】 種子植物でいう種子にあたる。胞子体の蒴の中でつくられる。一粒一粒は目に見えないほど小さな粉状で軽く、風に飛ばされやすい利点がある。

【胞子体（ほうしたい）】 雄配偶体の精子と雌配偶体の卵子が受精してできる植物体で、胞子をつくる体のこと。雌の配偶体上に生じる。胞子をつくる蒴、蒴を持ち上げる棒状の蒴柄、配偶体と繋がる埋もれた部分（足）の三つの部分から成り立つ。

【無性芽（むせいが）】 配偶体の一部分が変形して生じる、新個体をつくる芽。茎の先、葉のつけ根や縁、または葉状体の縁や表面につくられる。有性的な繁殖方法（胞子）が上手く散布されない場合に備え、多くのコケはこのような無性的繁殖方法も持っている。

【無性芽器（むせいがき）】 無性芽の入っているコップ状の器官、杯状体（はいじょうたい）ともいう。

【雄花盤（ゆうかばん）】 蘚類で造精器が茎の頂部に集まり、盤状の構造になったもの。種子植物の花のように見える。

【雄器托（ゆうきたく）】 ゼニゴケやジャゴケなどの雄株で、造精器をつける際に生じる器官。ゼニゴケでは柄があって先端は円盤状。ジャゴケでは無柄で厚みがある。雄器床（ゆうきしょう）ともいう。

【葉状体（ようじょうたい）】 扁平で茎と葉の区別がつけにくい葉状の配偶体のこと。このからだのつくりは苔類（主にゼニゴケの仲間）、ツノゴケ類に見られる。茎と葉がはっきりとわかる場合は、茎葉体（けいようたい）とよばれる。

協力（敬称略・五十音順）

上野健	樫村精一	藤井建太	吉田有沙
上野昂志	冨板敦	宮嶋宏二	
小原比呂志	中島啓光	山口富美夫	

参考文献

『日本の野生植物　コケ』（編：岩月善之助／平凡社）
『原色日本蘚苔類図鑑』（岩月善之助・水谷正美／保育社）
『苔の話　―小さな植物の知られざる生態』（秋山弘之／中公新書）
『野外観察ハンドブック　校庭のコケ』（中村俊彦・古木達郎・原田浩／全国農村教育協会）
『山渓フィールドブックス８　しだ・こけ』（岩月善之助・伊沢正名／山と渓谷社）
『フィールド図鑑コケ』（井上浩／東海大学出版会）
『屋久島のコケガイド』（木口博史・小原比呂志・伊沢正名／財団法人屋久島環境文化財団）
『コケの世界　箱根美術館のコケ庭』（高木典雄・生出智哉・吉田文雄／財団法人ＭＯＡ美術・文化財団）
『苔とあるく』（田中美穂／ＷＡＶＥ出版）
『別冊趣味の園芸　苔玉と苔　小さな緑の栽培テクニック』（秋山弘之・高城邦之・富山昌克・細村武義・森川正美・山口まり／ＮＨＫ出版）
『岩波科学ライブラリー 122　クマムシ?!　―小さな怪物』（鈴木忠／岩波書店）

おわりに

旅をするのが好きだ。電車に揺られ、窓から流れていく風景をぼんやりと眺めている、そんな時間にたまらなく贅沢を感じる。

コケを好きになり、コケとの出会いを求めて旅するようになってからというもの、あるとき車窓から見える向こうの山々がコケに見えるようになった。また、歩いていても、植え込みや原っぱの緑がコケの群落に見えてくる。これはさすがに自分でもコケ目線が過ぎるなと思っていたのだが、この本の原稿を書いている最中にふと気づいた。他の植物だって遠い昔はコケと祖先を同じくしていたのだ。地球のすべての緑は繋がっている。どこか似て見えるのもまた当然なのかもしれないと。そして何だか嬉しい気分になったのである。

コケは地味で陰気なイメージがあるからか、他の植物たちとは別物のように扱われ、ときには敬遠されることもある。しかし、大きな植物に安らぎや畏敬の念を感じるように、大きな植物たちが生育しやすい環境をつくるために縁の下の力持ちとなって生きてきたコケにもまた、その資格は十分にある。もっと彼らの実像に目を向けて、彼らとともだちになってみようよ、そんな思いをこの一冊に込めた。

この本を出版するにあたり、度重なる質問にいつも迅速かつ丁寧に答えてくださった秋山弘之さんには本当にお世話になった。従来のコケのイメージを払拭させる明るいデザインに仕上げてくださった大原大次郎さん、たくましい想像力でコケのキャラ化という偉業を見事成し遂げてくださったイラストレーターの永井ひでゆきさん、大らかでありながら的確なアドバイスで支えてくださったリトルモア編集者の田中祥子さん、いろんな形でお力添えをいただいた多くの皆さまにも深くお礼を申し上げたい。また、コケな私にあきれながらも、陰で支えてくれた夫の英生をはじめ家族のみんなにも、とても感謝している。

この本をきっかけに、うつむき歩きや、道ばたにしゃがんでくれる人が少しでも増えると嬉しい。さ、私もコケに会いに行こうっと。

二〇一一年四月

藤井久子

・コケは小鳥やクマにも好かれる。巣穴のクッションにコケを使用。
・コケを使った自家製ふりかけは、死ぬほどまずいらしい。

・干支にちなんだコケ… ネズミノオゴケ（子）、
トラノオゴケ（寅）、
フトリュウビゴケ（辰）、
ジャゴケ（巳）、
ヒツジゴケ（未）、
イクビゴケ（亥）など。

・古代、クロカワゴケは
火を沈める力があると
考えられていた。
そのため、煙突内部の
煉瓦の間の詰め物に
使われていた。

1〜3cm
1〜5cm
エゾスナゴケ
コスギゴケ

10cm以上
オオミズゴケ

注）このサイズチャートは、各コケの高さを原寸で表したもので、幅、葉や茎の形、植物体の大きさなどは忠実ではない。また、ここに示した高さは平均的なものであって、生育環境などにより個体差がある。

No.
Date

コケ雑学

- コケの花言葉＝「母性愛」
- 「コケにする」という言葉は断じて苔からきているのではない！ 仏教用語の「虚仮（愚者の意）」が語源。
- 氷河から見つかった5300年前のアイスマンの持ち物に、たくさんのコケあり。
- 中国医学の世界ではコケは薬用植物。解熱、鎮痛、高血圧、止血などに効果あり。

★コケのことわざ

"A rolling stone gathers no moss."
＝
「転石 苔を生ぜず」

イギリス：何事も腰を落ち着けてあたらないと身につかない、大成しない。

アメリカ：常に行動している人は、時代に遅れることがない。

なぜか相反する二つの意味。これって
コケ生すのを好む文化と嫌う文化の違い!?

コケたちの背くらべ

10
9
8
7
6
5
4
3
2
1
(cm)
100
平成23年
0.5~1cm
雌器托入れて3cmくらい
葉状体の
長さ 1~3cm
幅 0.7~1.5cm
ギンゴケ
ゼニゴケ

監修　秋山弘之（あきやま・ひろゆき）
1956年、大阪府出身。京都大学大学院理学研究科博士課程修了。理学博士。現在は兵庫県立大学自然・環境科学研究所准教授、兵庫県立人と自然の博物館主任研究員。コケ植物の系統分類学を専門に研究。主な著書に『苔の話』（中公新書）、編著に『コケの手帳』（研成社）。プライベートではコケよりキノコが好きかも。

著者　藤井久子（ふじい・ひさこ）
1978年、兵庫県出身。明治学院大学社会学部卒業。編集ライター。文系ド真ん中の半生ながら幼少期から自然が好きで、いつしかコケに魅了されるようになる。趣味はコケ散策を兼ねた散歩・旅行・山登り。とりわけ好きなコケは、ギンゴケ、タマゴケ、ヒノキゴケ。

コケはともだち

2011年5月28日　初版第1刷発行
2016年7月27日　　　第5刷発行

監修　秋山弘之
著者　藤井久子

イラストレーション　永井ひでゆき
ブックデザイン　大原大次郎
編集　田中祥子

発行人　孫　家邦
発行所　株式会社　リトルモア
〒151-0051 東京都渋谷区千駄ヶ谷3-56-6
TEL 03-3401-1042　FAX 03-3401-1052

印刷・製本　図書印刷株式会社

Printed in Japan
ISBN 978-4-89815-309-3 C0095
http://www.littlemore.co.jp